電子情報通信レクチャーシリーズ **B-8**

データ構造とアルゴリズム

電子情報通信学会● 編

岩沼宏治
美濃英俊
鍋島英知 共著
山本泰生

コロナ社

▶電子情報通信学会 教科書委員会 企画委員会◀

◉委員長	原 島　　博	（東京大学名誉教授）
◉幹事 （五十音順）	石 塚　　満	（東京大学名誉教授）
	大 石 進 一	（早 稲 田 大 学 教 授）
	中 川 正 雄	（慶應義塾大学名誉教授）
	古 屋 一 仁	（東京工業大学名誉教授）

▶電子情報通信学会 教科書委員会◀

◉委員長	辻 井 重 男	（東京工業大学名誉教授）
◉副委員長	神 谷 武 志	（東京大学名誉教授）
	宮 原 秀 夫	（大阪大学名誉教授）
◉幹事長兼企画委員長	原 島　　博	（東京大学名誉教授）
◉幹事 （五十音順）	石 塚　　満	（東京大学名誉教授）
	大 石 進 一	（早 稲 田 大 学 教 授）
	中 川 正 雄	（慶應義塾大学名誉教授）
	古 屋 一 仁	（東京工業大学名誉教授）
◉委員	122 名	

（2017 年 12 月現在）

刊行のことば

　新世紀の開幕を控えた 1990 年代，本学会が対象とする学問と技術の広がりと奥行きは飛躍的に拡大し，電子情報通信技術とほぼ同義語としての "IT" が連日，新聞紙面を賑わすようになった．

　いわゆる IT 革命に対する感度は人により様々であるとしても，IT が経済，行政，教育，文化，医療，福祉，環境など社会全般のインフラストラクチャとなり，グローバルなスケールで文明の構造と人々の心のありさまを変えつつあることは間違いない．

　また，政府が IT と並ぶ科学技術政策の重点として掲げるナノテクノロジーやバイオテクノロジーも本学会が直接，あるいは間接に対象とするフロンティアである．例えば工学にとって，これまで教養的色彩の強かった量子力学は，今やナノテクノロジーや量子コンピュータの研究開発に不可欠な実学的手法となった．

　こうした技術と人間・社会とのかかわりの深まりや学術の広がりを踏まえて，本学会は 1999 年，教科書委員会を発足させ，約 2 年間をかけて新しい教科書シリーズの構想を練り，高専，大学学部学生，及び大学院学生を主な対象として，共通，基礎，基盤，展開の諸段階からなる 60 余冊の教科書を刊行することとした．

　分野の広がりに加えて，ビジュアルな説明に重点をおいて理解を深めるよう配慮したのも本シリーズの特長である．しかし，受身的な読み方だけでは，書かれた内容を活用することはできない．"分かる" とは，自分なりの論理で対象を再構築することである．研究開発の将来を担う学生諸君には是非そのような積極的な読み方をしていただきたい．

　さて，IT 社会が目指す人類の普遍的価値は何かと改めて問われれば，それは，安定性とのバランスが保たれる中での自由の拡大ではないだろうか．

　哲学者ヘーゲルは，"世界史とは，人間の自由の意識の進歩のことであり，… その進歩の必然性を我々は認識しなければならない" と歴史哲学講義で述べている．"自由" には利便性の向上や自己決定・選択幅の拡大など多様な意味が込められよう．電子情報通信技術による自由の拡大は，様々な矛盾や相克あるいは摩擦を引き起こすことも事実であるが，それらのマイナス面を最小化しつつ，我々はヘーゲルの時代的，地域的制約を超えて，人々の幸福感を高めるような自由の拡大を目指したいものである．

　学生諸君が，そのような夢と気概をもって勉学し，将来，各自の才能を十分に発揮して活躍していただくための知的資産として本教科書シリーズが役立つことを執筆者らと共に願っ

ii　　刊 行 の こ と ば

ている．

　なお，昭和 55 年以来発刊してきた電子情報通信学会大学シリーズも，現代的価値を持ち続けているので，本シリーズとあわせ，利用していただければ幸いである．

　終わりに本シリーズの発刊にご協力いただいた多くの方々に深い感謝の意を表しておきたい．

2002 年 3 月　　　　　　　　　　　　　　　　　電子情報通信学会 教科書委員会

委員長　辻 井 重 男

ま え が き

　本書で取り扱うデータ構造とアルゴリズムに関する研究は，コンピュータ科学の挑戦の歴史の中で，常に中心の位置を占めてきた．そこで開発された技法なくしては，現在の高度情報化社会の実現はあり得なかったことに疑問をはさむ余地はない．そのため専門教育における初学者用の教科書はとても大事であり，既に多くの成書が出版されている．本書を執筆するにあたって，類書の中でどのような特徴を出すかは大きく悩むところであった．本書の執筆者4人は地方国立大学において実際に関連の専門教育に長年携わってきた人間である．いろいろと議論を行った結果，以下のような執筆方針が徐々に固まっていった．

- 初学者用であるので，取り上げるトピックは奇をてらわずに，正攻法で選択する．

- 本シリーズ全体の要請にもなっているが，説明は図を多用して平易に行う．数式の使用はなるべく控えて，使用する場合でも2行以上は連続させないことを原則とした．また解説するトピックは天下りの説明は避け，取り上げる理由や，結果を支えるアイデアから説明する．初学者には不要なレベルの厳密な説明や証明は行わない．

- 説明を平易に行うからといって，表面的なものだけに流れずに本質はきちんと説明する．また学習者が自ら興味をもってより進んだ勉学に取り組むように，裏に隠れた深い性質などについても一部，光を当てるように工夫する．

　以上は初学者用教科書での一般的な方針であるが，"データ構造とアルゴリズム"の分野固有の観点からは以下の方針を考えた．

- 昨今のメモリの大容量化に代表されるハードウェアの高性能化と，高速ネットワークの普及と機械学習技術の発展に伴うデータの巨大化などの動向に留意し，その解決につながる技術を積極的に取り上げ，解説を行う．例えば，メモリ（領域）消費型のデータ構造とその上のアルゴリズム技法を，類似の成書より積極的に取り上げる．

- 昨今のシステムの大規模化と高信頼化に対応できる人材を育成するためには，ソフトウェアのカプセル化や抽象化，一般化，検証などの技術を初学者のレベルから教えることが重要である．ソフトウェア工学とは別の次元で，プログラミングレベルでの知識とスキルを身に付けさせるために，オブジェクト指向型言語であるC++による実装コードの教示を行う．

- 本書の前半ではC++言語での実装コードを示すが，これは初学者によいコードを読ませることが目的であり，Art of Programmingにつながるような解説を付記するよう

に努力する．後半では疑似コードでアルゴリズムを示し，論理的かつ抽象的な思考能力の育成を図る．

オブジェクト指向型の C++ 言語は，初学者教育での利用には種々の議論もあるが，早いうちから，カプセル化や継承，多態性（polymorphism）などの概念に親しませることは，やはり高度な専門性の修得を目指す読者には有用であると考える．また STL などの汎用の高性能ライブラリが利用できることも利点である．1.2 節には，C 言語などは知っているが，C++言語はよく知らない読者のための導入解説を行って，敷居を下げる工夫を行っている．

疑似コードレベルのアルゴリズム記述や問題の特性把握は，抽象的かつ論理的な思考，あるいは一般化した思考の訓練になり，とても有用である．昨今ではネット上には著名なアルゴリズムの実装コードが多数公開されている．ややもすると，それらを表面的にだけ参考にし，本質的な洞察を行わずに済ませてしまう例が数多く見受けられる．そのためか，アルゴリズムの最適化や改良のために疑似コードでの記述と整理を行わせると，ほとんどできない人が思いのほか多いことに驚かされる．そもそも疑似コードはプログラムの設計図となるものであり，上級仕様の作成などを行うためにも必要なスキルであるので，是非，多くの読者に習熟してほしいと考えている．

本書は 1 年間もしくは 1 年半程度の勉学期間を想定して編纂されている．執筆陣は本書の前半を，専門技術者教育におけるプログラミング言語教育の後半（1 年後期）の教材として利用することを想定している．本書の後半は，学部 2 年から開始されるデータ構造とアルゴリズムの講義演習に使用することを想定している．

昨今では，ハードウェアの高性能化と高機能なソフトウェア統合開発環境の普及に伴い，アルゴリズムとデータ構造に関する専門的な勉強をしなくとも，基本的で小規模なソフトウェアならば容易に開発できる時代になっている．これは「誰でもプログラマになれる」という意味では望ましいことであるが，情報処理技術の本質に関して誤解が生じやすいという意味では望ましくないと考えられる．より先進的で高度なシステムを設計し開発するためにも，あるいは大規模かつ高信頼性を必要とするシステムを選定し運用するためにも，アルゴリズムとデータ構造に関する専門的な知識とスキルは必要不可欠なものである．より多くの読者に本分野を学んでいただき，現在および将来の高度情報化社会を支えていただければ，幸いと考える．本書がその一助になれば，執筆者らの望外の喜びである．

最後に，遅々として進まぬ執筆作業を忍耐強く待ち，励ましをいただいたコロナ社の皆様に感謝を申し上げる次第です．

2017 年 12 月

著者を代表して　岩　沼　宏　治

目　　　次

1.　は　じ　め　に

1.1　天文学的数字とコンピュータ科学的数字はどちらが大きいか？　2
1.2　データ構造のプログラム表現：オブジェクトとクラス………　4
　　1.2.1　クラスとオブジェクト …………………………………　5
　　1.2.2　値渡しと参照渡し …………………………………………　8
本章のまとめ …………………………………………………………　9
理解度の確認 …………………………………………………………　10

2.　データ構造の基礎

2.1　計算とメモリ……………………………………………………　12
2.2　配　　　列 ………………………………………………………　13
　　2.2.1　固定長配列 ………………………………………………　14
　　2.2.2　可変長配列 ………………………………………………　15
談話室　C++ 標準テンプレートライブラリの vector クラス………　18
2.3　連結リスト ………………………………………………………　19
談話室　C++ 標準テンプレートライブラリの list クラス ………　26
2.4　スタックとキュー………………………………………………　27
2.5　木　構　造 ………………………………………………………　32
本章のまとめ …………………………………………………………　40
理解度の確認 …………………………………………………………　40

3.　基本的な探索整列の手法

3.1　アルゴリズムと計算量 …………………………………………　42
3.2　素朴な探索 ………………………………………………………　46

談話室　任意のキーによる探索 ……………………………………… 48

3.3　再帰的探索 …………………………………………………… 49

3.4　素朴な整列 …………………………………………………… 52

　　3.4.1　選択ソート ……………………………………………… 52

　　3.4.2　挿入ソート ……………………………………………… 53

3.5　再帰的整列 …………………………………………………… 56

　　3.5.1　マージソート …………………………………………… 56

　　3.5.2　クイックソート ………………………………………… 59

3.6　空間を利用する整列 ………………………………………… 63

　　3.6.1　バケットソート ………………………………………… 63

　　3.6.2　計数ソート ……………………………………………… 65

　　3.6.3　基数ソート ……………………………………………… 66

本章のまとめ ………………………………………………………… 69

理解度の確認 ………………………………………………………… 70

4.　二分木とその応用

4.1　二分探索木 …………………………………………………… 72

　　4.1.1　素朴な二分探索木 ……………………………………… 72

談話室　多態性 ……………………………………………………… 74

　　4.1.2　平衡二分探索木 ………………………………………… 77

談話室　さまざまな平衡木 ………………………………………… 82

4.2　優先度付きキューとヒープソート ………………………… 84

　　4.2.1　優先度付きキュー ……………………………………… 84

　　4.2.2　ヒープによる高速な優先度付きキュー ……………… 84

　　4.2.3　ヒープソート …………………………………………… 88

4.3　最近傍探索と kd–木 ………………………………………… 90

　　4.3.1　最近傍探索 ……………………………………………… 91

　　4.3.2　kd–木の構築 …………………………………………… 94

本章のまとめ ………………………………………………………… 95

理解度の確認 ………………………………………………………… 95

5. ハッシュ表

5.1	ハッシュ表の原理	98
	5.1.1 分離チェイン法	99
	5.1.2 ハッシュ関数の設計	100
	5.1.3 文字列キーに対するハッシュ関数	101
5.2	開 番 地 法	103
	5.2.1 開番地法の原理	103
	5.2.2 開番地法における削除	106
	5.2.3 代替アドレス	107
	5.2.4 ハッシュ表の拡大	108
談話室 ハッシュ関数と認証		109
本章のまとめ		110
理解度の確認		110

6. グラフ

6.1	グラフの表現と探索	112
6.2	最小全域木問題	116
6.3	最短経路問題	122
	6.3.1 単一始点問題:ダイクストラ法とベルマン・フォード法	123
	6.3.2 単一点対問題:A* アルゴリズム	127
6.4	最長経路問題:トポロジカルソート	132
本章のまとめ		136
理解度の確認		136

7. 文字列照合

7.1	文字列照合問題と素朴な解法	138
	7.1.1 力まかせ法	139
7.2	高速な文字列照合法	140
	7.2.1 力まかせ法の欠点と BM 法の原理	141

viii　目　　　　　次

　　　　　　　7.2.2　BM 法の実際 ……………………………………… 142
　談話室　BM 法の補足 …………………………………………… 147
7.3　ハッシュ法を用いた文字列検索 …………………………… 149
7.4　索引に基づく高速文字列照合 ……………………………… 150
　　　　7.4.1　トライに基づく文字列照合 ……………………… 151
　　　　7.4.2　パトリシアトライによる文字列照合 …………… 154
　　　　7.4.3　サフィックス木に基づく文字列照合 …………… 156
　本章のまとめ …………………………………………………… 159
　理解度の確認 …………………………………………………… 160

8.　アルゴリズム技法

8.1　分割統治法 …………………………………………………… 162
　　　　8.1.1　分割統治法の適用例 ……………………………… 163
　　　　8.1.2　分割統治法の性質 ………………………………… 166
　談話室　シュトラッセン（Strassen）のアルゴリズム ……… 170
8.2　動的計画法 …………………………………………………… 170
　　　　8.2.1　0–1 ナップサック問題と動的計画法 …………… 172
8.3　分枝限定法 …………………………………………………… 176
　　　　8.3.1　緩和法と上界見積り ……………………………… 179
8.4　オンライン近似計算：ストリームマイニング …………… 184
　　　　8.4.1　ストリームマイニング …………………………… 184
　　　　8.4.2　オンライン近似計算と Space Saving 法 ……… 186
　談話室　オンライン計算と近似計算の枠組みについて ……… 190
　本章のまとめ …………………………………………………… 191
　理解度の確認 …………………………………………………… 191

引用・参考文献 …………………………………………………… 193
索　　　　引 …………………………………………………… 194

1 はじめに

　本章では 2 章からの本論に先立ち，まず初めに天文学的数字とコンピュータ科学的数字という概念の比較を行い，それを通して「データ構造とアルゴリズム」を勉学することの必要性や重要性を深く理解してもらうことを試みる．次に後半では，2 章以降の C++言語の実行コードをよく理解するために，オブジェクトとクラスについて簡潔な解説を行う．「C 言語などを既に知っているが C++言語は初めて」という読者は多いと思う．コンパクトにまとめてあるので，是非，精読してみてほしい．

1.1 天文学的数字とコンピュータ科学的数字はどちらが大きいか？

天文学は古くから世界各地で発達している学問である．最も古い地域では 4000 年以上の歴史があり，人々の生活にも深く浸透している．このため "天文学的数字" や "星の数ほどある" という表現は，世界中で普遍的に使われている．一方の**コンピュータ科学**（computer science）は，1920 年代の数理論理学における計算可能性の研究に発端を有するが，第 2 次世界大戦後の 1950 年代後半から本格的な発展を遂げた非常に若い学問である．残念ながら，コンピュータ科学はまだ世間一般の人にはよく理解されておらず，"コンピュータ科学的数字" などという表現は普段の生活では全く使われていない．そこで本節では，この "コンピュータ科学的数字" というものを新しく考えて，"天文学的数字" との比較を通して，コンピュータ科学がこれまでいかに困難な課題に取り組んできた重要な学問であるかを，読者各位に理解してもらおうと思う．

まず，天文学的数字とは非常に巨大な数を表現したものであるが，それはどの程度の数であろうか？ その明確な定義はどこにもない．そこで類似の表現である "星の数ほどある" という表現に置き換えて考えてみる．星の数もかなり曖昧な概念であるが，現代物理学では宇宙の大きさなどが推定されているので，それを基本として，ある程度の合理性をもって見積もれると思われる．現代物理学においても宇宙の形状や大きさにはさまざまな議論がある．宇宙論は筆者の専門外であり，またここでは，一般の人々が抱くイメージにおける星の数を見積もるので，宇宙の形状も最も想像しやすい "球状の宇宙" を仮定することにする．その直径は最新の理論と観測によって 470 億光年程度と見積もられているようなので，これを採用してメートル表示してみる．光の速度は秒速約 30 万 km とされており，メートル表示すると秒速 3.0×10^8 m となる．よって 1 光年，即ち光が 1 年間に進む距離は約 9.5×10^{15}（$\approx 3.0 \times 10^8 \times 60 \times 60 \times 24 \times 365$）m となる．よって 470 億光年は約 4.5×10^{26} m となる．宇宙の半径はおおよそ 10^{27} m 程度以下と思ってよいことになるので，これに基づき宇宙の体積を計算する．よく知られた球体積の公式より，$4\pi/3 \times (10^{27})^3$ m^3 となるので，宇宙の体積を概数として 10^{82} m^3 程度と考えることにする．

以上を前提として星の数の推測を試みよう．星の定義もさまざまあるが，ほとんどの一般の人が直感的に想像する "星" なるものは，多くとも 1 m^3 当り 1 個程度であり，それ以上は

存在しないと考えられる．この前提に立てば，星の数は多くとも 10^{82} 個程度と推定できることになり，これが天文学的数字の一つの具体的な値となる．別の観点からは，我々がいる銀河系には数千億個の恒星があり，同種の銀河は（観測できる）宇宙の中に少なくとも1700億個程度はあると説明されている．この説明に従えば，1兆は 10^{12} であるので，恒星は宇宙全体で 10^{24} 個程度はあるという結論になる．これを考慮したとき，10^{82} はかなり余裕のある値であり，星の数の上限としてはかなり堅い推定値になっている．

　さて，これに対して"コンピュータ科学的数字"とはどの程度の大きさの数を指すのであろうか? コンピュータ科学的数字も明確な概念ではなく，その定義はどこにもない．コンピュータ科学の最も輝かしい成果物の一つが最先端の CPU プロセッサであることに，疑念をはさむ余地はないであろう．この CPU を外部から見た場合，CPU は入出力端子上の信号を制御する装置と見なすことができる．現在普及しているマルチコア型 CPU は 10 億を超えるトランジスタからなる非常に複雑な集積回路であるが，入出力もメモリアクセスの高速化のためにマルチチャネル化しており，入出力端子数も 2000 を超えるのが普通である．より基本的なシングルコア型 CPU でも，入出力端子の本数が 300 を超えるものがあり，その場合の入出力信号の総数は単純計算では 2^{300} 程度の巨大な値となる．そこで，このシングルコア型 CPU の入出力信号の総数をコンピュータ科学的数字の一つの具体的な数値と考えることにする．CPU はコンピュータ科学・工学の象徴であり，また入出力信号の総数は CPU 設計の複雑さあるいは困難さを表する指標となることも考え合わせると，これは妥当な設定であると思われる．

　以上の考察を基に，コンピュータ科学的数字 2^{300} と天文学的数字 10^{82} を比較してみる．まず容易に以下のことがわかる．

$$2^{300} = (2^{10})^{30} = (1.024 \times 10^3)^{30} > 10^{90}$$

よって，$2^{300} > 10^{82}$ であることは明らかである．多くの仮定には基づいているが，一つの結論として「**コンピュータ科学的数字のほうが天文学的数字よりもはるかに大きい**」ということができる．

　より重要なことは，日常生活においての"天文学的数字"とか"星の数ほどある"という表現は，否定的な文脈の中で使われる場合がほとんどであることである．"目標の達成が不可能なほどに大量にある，あるいは巨大である"という表現とほとんど同義な語として認識，使用されている．これに対して，コンピュータ科学は同程度以上の巨大なデータあるいは複雑さに正面から挑戦し，克服してきた歴史をもつ学問である．我々が現在利用している高性能 CPU や高速ネットワーク，高機能ソフトウェアなどはその輝かしい成果物である．

　上記の二つの数は，現在の最高速コンピュータの演算能力と比較しても格段に巨大である

4　　1. は　じ　め　に

ことに注意してほしい．現在の最高速 CPU の基本動作速度はたかだか 10 GHz 程度[†]であり，また並列に同時動作する CPU コアもたかだか 10 万個程度である．よって 1 秒間に行える基本命令の数は 10^{15} ($= (10 \times 10^9) \times 10^5$) 程度であり，1 年間に実行できる基本命令は 3.2×10^{22} 個程度にとどまる．したがって，宇宙の年齢にも匹敵すると推定される 100 億年の時間をかけても，実行できる基本命令の数は 3.2×10^{32} 個程度にしかならない．コンピュータ科学的数字あるいは天文学的数字のほうがはるかに大きいことを，ぜひ理解してほしい．

　このように実際に手に入る物理的計算パワーと，解くべき問題の複雑さの間には，常に大きなギャップがある．それを埋めてきたのが，本書で取り扱う**アルゴリズムとデータ構造**に関する技法である．アルゴリズムとデータ構造に関する研究は，コンピュータ科学の挑戦の歴史の中で，常に中心の位置を占めてきた．そこで開発された技術なくしては，現在の高度情報化社会の実現はあり得なかったと考えられる．現在のビッグデータ処理，機械学習，自然言語処理，コンピュータグラフィックス，画像音声処理，インターネットあるいは高性能なソフトウェア統合開発環境など，すべてのコンピュータ関連技術の基盤を支えている．アルゴリズムとデータ構造に関する知識とスキルは，次世代に求められるより先進的で高機能なシステムを開発するためにも，あるいは現在，実際に求められる大規模かつ高信頼性を必要とするシステムを適切に選定し運用するためにも，必要不可欠なものとなっている．

1.2 データ構造のプログラム表現：オブジェクトとクラス

　アルゴリズムとデータ構造に関する教科書は数多く存在するが，その多くは C 言語や Pascal 風の疑似言語などの**手続き型言語**を用いて記述されている．手続き型言語は単純でわかりやすく小規模なプログラムの作成に向いているが，大規模なプログラムの作成や開発・保守のしやすさに関しては**オブジェクト指向言語**のほうが適している．実社会におけるプログラミングにおいても，オブジェクト指向言語が幅広く利用されるようになって久しい．

　本書の前半ではアルゴリズムとデータ構造をオブジェクト指向言語の代表格の一つである C++ により記述する．これにより，基本的なアルゴリズムやデータ構造をオブジェクト指向言語で表現する手法を学ぶ．また実際に動作する具体的なプログラム例を示すことにより，

[†] クロック周波数が 10 GHz ということは，1 クロックは 100 億分の 1 秒となり，光でさえ 3 cm しか進めない微小時間である．

1.2 データ構造のプログラム表現：オブジェクトとクラス　　**5**

初学者の理解を助ける狙いもある．

　本書後半の応用的なアルゴリズムとデータ構造については，その記述にしばしば Pascal 風の疑似コードを用いる．複雑な処理を計算機に実行させたい場合，いきなりプログラムを組み始めるのではなく，まずは処理の手順を論理的かつ明解に表現することが非常に重要である．疑似コードはこの目的のためによく使われる道具であり，処理の本質的な部分を簡潔に表現することが可能である．適切な疑似コードが与えられたならば，それを C++ や他のプログラミング言語に翻訳し直すことは難しいことではない．

　本節では，本書に記載のプログラムを読むにあたって必要な C++ の基礎知識を解説する．ただし本書はプログラミング言語の入門書ではなく，また紙面の都合もあるため，C 言語の知識を前提として，C++ との差異に焦点を当てて簡単に解説する．また必要に応じて次章以降でも C++ の解説を行う．C++ の詳細については C++ の教科書などを参照されたい（例えば文献 1) など）．もし読者がすでに C++ に習熟している場合は本節を読み飛ばしてもらって構わない．

1.2.1　クラスとオブジェクト

　C++ は基本的に C 言語の上位互換であり，if や for 文などの制御構文や，int や double などのデータ型，関数の定義や呼び出しなどは，C++ でも同様に利用できる．C++ と C の最も大きな違いは，C++ では**クラス**が利用可能な点にある．以下ではクラスについて簡単に紹介する．

　C++では，C と同様に，整数を表す int 型や，倍精度浮動小数点数を表す double 型，文字を表す char 型などが利用可能であるが，これらの基本的な型だけでは十分であるとはいえない．例えば学生データや商品データなどを表す型があれば，学生データを成績順に整列したり，特定の商品の在庫数を調べるプログラムが，基本型だけで組むよりも，より簡潔に記述できる．

　C++ では**クラス**を利用して新しい型を定義できる．リスト 1.1 は複素数クラス Complex の定義例である．5 行目の class Complex { から 25 行目までがクラスの定義である．複素数は実部と虚部を表す二つの実数からなる．ここでは，double 型の変数 re, im を，それぞれ実部と虚部を表す変数として用意している（7, 8 行目）．このように "新しい型" は，いくつかの "既存の型" を組み合わせて定義する．"既存の型" には，int や double などの C++ が提供する型だけでなく，ユーザが定義した型も利用できる．変数 re, im のように，新しい型が内部に保持する変数を**メンバ変数**という．クラスによって定義された "新しい型" のデータを**オブジェクト**または**インスタンス**という．"新しい型" のオブジェクトを生

6　　1. は　じ　め　に

```cpp
#include <iostream>
#include <cmath>
using namespace std;

class Complex {
private:
  double re;      // 実部
  double im;      // 虚部
public:
  // コンストラクタ
  Complex(double _re, double _im) { re = _re; im = _im; }
  // 複素数の絶対値を求めるメンバ関数
  double abs() {
    return sqrt(re * re + im * im);
  }
  // 複素数同士の加算を行うメンバ関数
  Complex add(Complex other) {
    return Complex(re + other.re, im + other.im);
  }
  // 複素数を stream に出力するためのフレンド関数
  friend ostream& operator<< (ostream& stream, const Complex& c) {
    stream << c.re << showpos << c.im << "i" << noshowpos;
    return stream;
  }
};

int main(void) {
  Complex x = Complex(2,  4);
  Complex y = Complex(3, -2);
  cout << "x = " << x << ", y = " << y << endl;
  cout << "|x| = " << x.abs() << ", |y| = " << y.abs() << endl;
  cout << "x + y = " << x.add(y) << endl;
  return 0;
}
```

リスト **1.1**　複素数クラスの定義例

成するには，そのクラスの**コンストラクタ**を利用する．コンストラクタは，クラス名と同じ名前の特別な関数であり，戻り値の型をもたない（11 行目）．コンストラクタの役割はメンバ変数の初期化にある．この例のコンストラクタは，実部と虚部を表す double 型の値 _re，_im を受け取り，それらをメンバ変数 re, im の初期値としている．オブジェクトの生成は，Complex x = Complex(2, 4); のように行うことができる（28, 29 行目）．

　クラスには外部からのアクセスを認めない private な範囲や，アクセスを認める public な範囲を定義できる．リスト 1.1 では，6 行目の private: が private な範囲の開始を宣言しており，9 行目の public: が public な範囲の開始を宣言している．private な範囲は 6 行目から 8 行目まで，public な範囲は 9 行目からクラス定義の末尾までとなる．一般にメンバ変数は private な範囲に配置して外部から直接アクセスすることを禁止する．メンバ変数へのアクセスは，public な範囲に置いた**メンバ関数**を通して行う．例えば，関数 abs は複素数の絶対値を求めるメンバ関数であり（13–15 行目），関数 add は，複素数同士の加算を行うメンバ関数である（17–19 行目）．複素数オブジェクト x のメンバ関数 abs() を呼び出すには，x.abs()

のようにする．ここで ".” をドット演算子という．メンバ関数 abs() の内部では，オブジェクト x が内部に保持する private なメンバ変数やメンバ関数を利用することができる（もちろん public な要素も利用可能である）．例えば abs() では，複素数の絶対値を求めるため，その実部 re と虚部 im にアクセスしている．またメンバ関数 add(Complex other)では，引数で指定された複素数 other を受け取り，実部同士と虚部同士を加算し，新しい複素数オブジェクト Complex(re + other.re, im + other.im) を返している．ここで other.re や other.im は，オブジェクト other が保持する実部と虚部を表す．これらは private なメンバ変数であるが，Complex クラスのメンバ関数の内部からであれば直接アクセスすることが可能である．

　複素数クラスを利用するユーザは，public なメンバ関数を通して複素数オブジェクトを操作するため，クラス内部のデータ構造やメンバ関数の実装の詳細は外部から隠蔽される．これをカプセル化という．カプセル化によって，クラス内部の private なメンバ変数へのアクセスは常に public なメンバ関数を経由することになる．例えばクラスの内部仕様を変更するとき，その変更による差異をメンバ関数が吸収できるのであれば，クラスの外部に影響を及ぼさずに済む．よってカプセル化はクラスの独立性や保守性，再利用性を高め，プログラムの開発効率を向上させる．カプセル化はオブジェクト指向プログラミングの大きな利点の一つである．

　ここで C++ のクラスと C 言語の構造体の違いをまとめておこう．両者ともに新しい型を定義するための道具であるが，構造体はメンバ関数をもつことができず，またすべてのメンバ変数は外部から自由にアクセス可能である．自由にアクセスできることは一見便利に思えるかもしれないが，もしメンバ変数の値が意図せず変化するようなバグが発生した場合，プログラム全体からその変化の原因を探し出す必要がある．一方クラスでは，private なメンバ変数を操作するのは基本的にメンバ関数のみであるので，その定義を調べるだけで済む．

　次にリスト 1.1 における C++ 特有の要素を紹介しよう．1, 2 行目のヘッダファイル iostream と cmath は，それぞれ C++ において標準入出力と数学関数を利用するために必要である．C++ では，標準出力ストリーム（通常は端末画面）に文字列 Hello を出力する場合，標準出力ストリームを表すオブジェクト cout に対して，cout << "Hello" << endl; のようにする．ここで endl は改行を出力することを意味する．逆に標準入力ストリーム（通常はキーボード）からデータを読み込みたい場合，例えば int n; cin >> n; とすると，変数 n にキーボードから入力した整数値が格納される．最後に 3 行目の using namespace std; だが，実はこれは省略可能である．ただし省略した場合，プログラム中の cout を std::cout のように変更する必要がある．C++ ではクラス名や関数名などの名前の衝突を避けるために名前空間という概念があり，たとえ名前が同じクラスであっても，名前空間が異なるならば

8　**1. は　じ　め　に**

一つのプログラム中で共存させることができる．ヘッダファイル iostream が提供する機能は名前空間 std に属しているため，本来は std::cout のように記述する必要があるが，using namespace std; とすることで，名前空間を指定することなく，cout オブジェクトが利用可能になる．

　プログラム開発においては，デバッグのためにしばしば変数の内容を画面に出力させて処理手順を確認することがある．俗にいう print 文デバッグである．この目的のため，リスト 1.1 では 21–24 行目において複素数オブジェクトの内部状態をストリームに出力する演算子 << をフレンド関数として定義している．演算子の定義やフレンド関数の詳細な説明は C++ の専門書に譲るが，これにより例えば cout << "x = " << x << endl; のようにして複素数 x の内容を画面に出力して確認することが可能になる．オブジェクトの状態を画面に出力する関数を用意することは，デバッグや動作確認のためにも有用であるので，新しいクラスを定義した場合には用意しておくとよい．

1.2.2　値渡しと参照渡し

　C++ では，関数呼び出し時における引数の渡し方として，値渡しだけでなく参照渡しも利用可能である．リスト 1.2 に，二つの変数の値を入れ替える 3 種類の swap_v, swap_p, swap_r 関数の定義を示す．それぞれ，値，番地，参照を渡す関数の例である．14 行目の関数 swap_v の呼び出しでは，変数 n, m が保持する値が，関数 swap_v の引数である v, w に渡される（5 行目）．値のみが渡されるため，このような引数の渡し方を**値渡し**（call by value）という．swap_v では変数 v, w の内容を入れ替えているが，呼び出し元の変数には何も影響を与えず，n, m の値が入れ替わることはない．つまり関数 swap_v は意味のない関数である．16 行目の関数 swap_p の呼び出しでは，変数 n, m の番地を値渡ししている．swap_p では，その番地に保存されているデータを入れ替えているため，結果として変数 n, m の値が入れ替わる．18 行目の関数 swap_r の呼び出しでは，変数 n, m への参照を渡しており，これを**参照渡し**（call by reference）という．参照は，変数の別名と考えることができる．参照変数は int & x = n; のように宣言し，このとき参照変数 x は変数 n の別名となる．すなわち，変数 x の値を操作すると，変数 n の値も変化する．よって，関数 swap_r も，swap_p と同様に変数 n, m の値が入れ替わる．

　値，番地，参照を渡す場合の利点についてまとめておく．値渡しでは，変数が保持する値のみを渡しているため，関数呼び出しによって呼び出し元の変数（リスト 1.2 では n や m）の値が変化することはない．一方で，値渡しでは値をコピーして渡すことになるため，もし巨大なデータを渡す場合，そのデータのコピーにメモリと時間を消費することになる．変数

本 章 の ま と め　　**9**

```
1   #include <iostream>
2   using namespace std;
3
4   // 値を渡す swap 関数. 正しく動作しない
5   void swap_v(int  v, int  w) { int tmp =  v;  w =  v;  v = tmp; }
6   // 番地を渡す swap 関数. 正しく動作する
7   void swap_p(int *p, int *q) { int tmp = *p; *p = *q; *q = tmp; }
8   // 参照を渡す swap 関数. 正しく動作する
9   void swap_r(int &x, int &y) { int tmp =  x;  x =  y;  y = tmp; }
10
11  int main(void) {
12    int n = 1, m = 2;
13    cout << "n = " << n << ", m = " << m << endl;
14    swap_v(n, m);
15    cout << "n = " << n << ", m = " << m << endl;
16    swap_p(&n, &m);
17    cout << "n = " << n << ", m = " << m << endl;
18    swap_r(n, m);
19    cout << "n = " << n << ", m = " << m << endl;
20    return 0;
21  }
```

リスト 1.2　値，番地，参照を渡す 3 種類の swap 関数の例

の番地や参照を渡す場合は，データの大きさにかかわらず高速に関数を呼び出すことが可能である．しかし番地や参照を渡すということは，その変数を書き換える権限を与えることになるため，関数呼び出しによって変数の値が変化する可能性がある．番地を渡す場合は，呼び出し時に番地を明示的に渡すため（例えば 16 行目の swap_p(&n，&m)），関数定義を見なくても書換え権限を渡していることは明らかである．ただし番地の取扱いを間違えるとセグメンテーション違反や見つけにくい間違いの原因となるため，番地の取扱いには慎重を期す必要がある．参照を渡す場合は，呼び出し時に値を渡すのか，それとも参照を渡すのかは関数の定義を見ないと判断できないので注意が必要だが，番地よりも別名を用いたほうが記述が簡潔になり，見通しがよくなることが多い．

本章のまとめ

　本章の前半では，“コンピュータ科学的数字”と“天文学的数字”の比較を通して，コンピュータ科学がいかに困難な課題に取り組んできた学問であるかを紹介した．

❶　コンピュータ科学は若い研究分野であるが，現代社会を支える重要な基盤の一つになっている．

❷　コンピュータ科学は，天文学的数字と比較しても，巨大なデータあるいは複雑さに挑戦し克服してきた歴史があり，本書で勉強するアルゴリズムとデータ構造は，その中心的技術である．

　本章の後半では，本書でアルゴリズムとデータ構造の記述に用いるプログラミング

10　　1.　は　じ　め　に

言語 C++ について簡単に紹介した.

❸ クラスは，その内部にいくつかのメンバ変数とそれを操作するためのメンバ関数をもっており，通常メンバ関数のみが外部に公開される. クラスを具体化したもの（クラスのメンバ変数に値を代入したもの）をオブジェクトまたはインスタンスと呼ぶ.

❹ クラス内部のデータ構造やメンバ関数の実装の詳細を外部から隠蔽するカプセル化は，オブジェクト指向プログラミングの大きな利点の一つである.

❺ C++ では，関数呼び出しにおける引数の渡し方として，値渡しだけでなく参照渡しも利用可能である.

──────────●理解度の確認●──────────

問 1.1　C++ によるクラスの作成練習として，財布を表すクラス Purseを定義しよう. 財布には 100 円硬貨，50 円硬貨，10 円硬貨のみがそれぞれ何枚か入っているものとする. 以下の各問に答えよ.

（1）　各硬貨の枚数を private な int 型のメンバ変数としてもつクラス Purse の定義を示せ.

（2）　引数を三つとるコンストラクタを定義せよ. コンストラクタの第 1 引数は 100 円硬貨の枚数，第 2 引数は 50 円硬貨の枚数，第 3 引数は 10 円硬貨の枚数とする.

（3）　財布の中の合計金額を返すメンバ関数 int total() を定義せよ.

（4）　指定された財布 q の中身を足し合わせるメンバ関数 void add(Purse& q) を定義せよ. 財布を足し合わせた後，財布 q の中身は空になるものとする.

（5）　財布の各硬貨の枚数をストリームに出力するための演算子 friend ostream & operator<< (ostream& stream, const Purse& p) を定義せよ.

2

データ構造の基礎

　プログラムとは，何らかのデータを入力として受け取り，それを操作・加工して出力するための処理手順を記述したものである．本章では，プログラムにおいて操作の対象になるデータの基本的な構成方法を紹介する．

2.1 計算とメモリ

基礎的なデータ構造を紹介する前に，コンピュータがプログラムを実行する過程を概観しよう．ここで紹介するのはあくまで概略であり，詳細については計算機アーキテクチャやオペレーティングシステム，コンパイラに関する文献2)〜4) などを参照してほしい．

図2.1 はコンピュータがプログラムを実行する過程の概略を示したものである．C++によって記述されたプログラムは，コンパイラによってCPUが実行可能な機械語の命令列に翻訳される．翻訳されたファイルを**実行形式**（executable）という．実行形式のファイルは通常ハードディスクなどの補助記憶装置に保存されており，プログラムを実行するときに主記憶装置であるメモリに読み込まれる．CPU はメモリ上に置かれた機械語の命令列を一つずつ読み取り，順次それを実行していく．メモリの用途は機械語の命令列を保持するだけではない．機械語の命令列が扱うデータを保持するための領域としても利用される．

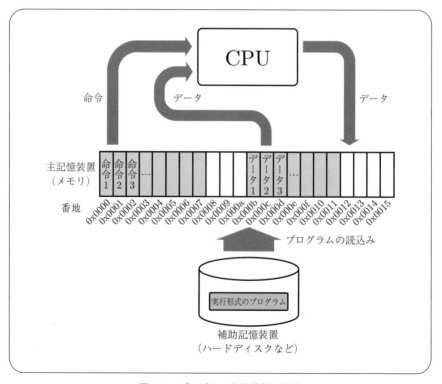

図 2.1　プログラム実行過程の概略

コンピュータのメモリは，機械語の命令やデータを記憶するための素子であり，一般にはランダムアクセスメモリ（random access memory，**RAM**）と呼ばれるメモリが使われている．ランダムアクセスメモリでは一定のビット数（通常 8 ビット＝1 バイト）ごとにその場所を識別するための一意な番号が割り当てられており，これを**番地**（address）という．ランダムアクセスメモリの特徴は，番地を介してメモリ上の任意の場所を一定時間で読み書きできる点にある．番地があるおかげで，CPU が「次に実行すべき機械語の命令がどこにあるか」を特定したり，「以前に計算して X 番地に保存しておいたデータ」を取り出す，といったことが可能になる．1 番地当り保持可能なデータの大きさは通常 1 バイトであるため，1 バイトよりも大きなデータを格納する場合は，複数の番地を使うことになる．例えば int 型変数の大きさが 4 バイトの場合，int 型変数一つのために四つの連続する番地が使われる．

C++においてどの変数をどの番地に割り当てるのかをプログラマが管理する必要はない．それらはコンパイラの仕事であり，空いているメモリ領域に適切に割り当てられる．また局所変数であれば，その変数が使われなくなったときメモリ領域は自動的に解放される．一方で，プログラムの実行中に任意の大きさのメモリ領域を確保したくなる場合がある．例えば，個人が所有する蔵書の管理プログラムを考えたとき，蔵書の数はユーザによりまちまちであるので，必要に応じてメモリ領域を確保する必要がある．このようなとき C++では必要なバイト数を指定することで，オペレーティングシステムを通してメモリを確保することが可能である．ただし動的に確保したメモリが不要になったとき，それを自動的に漏れなく検出することは困難であり，C++において不要なメモリを解放するのはプログラマの責任となる．

メモリの動的な確保は便利なデータ構造を実現するために必要不可欠な要素である．2.2.2 項以降において，メモリの動的確保を利用したさまざまなデータ構造を紹介する．

2.2 配　　　　　列

学生の成績一覧や商品の在庫一覧など，複数のデータをひとまとめにして管理したいことがしばしばある．そのために利用可能な最も基本的なデータ構造が**配列**（array）である．以下では固定長配列と可変長配列の 2 種類のデータ構造を紹介する．前者は，配列に格納したい要素数が事前にわかっている場合に利用可能であり，後者はメモリが許すかぎり任意個の要素を格納可能である．後者のほうが利便性が高いが，その内部では固定長配列が利用されている．

2.2.1 固定長配列

配列は要素の集合であり，各要素は添字（0番目，1番目，2番目，…）で参照される．例えば，int 型の値を 10 個格納可能な固定長配列は int a[10]; のように宣言する．固定長配列を宣言した後で，その要素数を減らしたり増やしたりすることはできない．配列の i 番目の要素を参照したい場合は，a[i] と表記する．C++ では配列の添字は 0 から始まるため，a[0] から a[9] までアクセス可能である[†]．配列を宣言した直後の状態では各要素の値は不定であるため，参照前に意味ある値を代入しておく必要がある．例えば，配列 a の各要素に，その添字と等しい値を代入し，その後各要素の値を出力する場合は次のように記述する．

```
int a[10];
for (int i = 0; i < 10; i++)    // 配列の各要素に値を書き込む
  a[i] = i;
for (int i = 0; i < 10; i++)    // 配列の各要素の値を出力
  cout << "a[" << i << "] = " << a[i] << endl;
```

配列は，メモリ上において連続した空間に配置されることに注意してほしい．これは 2.3 節で解説する連結リストとの大きな違いである．例として，上記の配列 a のメモリ配置図を図 2.2 に示す．図中の番地は例であり実行環境によって異なる．また，ここでは int 型のサイズを 4 バイトと仮定している．配列の先頭要素 a[0] が 0x8000 番地に配置された場合，その次要素 a[1] は 0x8004 番地に配置される．よって，配列の先頭番地 a と 1 要素当りのサイズ b がわかれば，配列の i 番目の要素の番地は $a + b * i$ と求めることができる．すなわち，配列の任意要素へのアクセスは，その要素が格納されている番地を直接計算できるため常に一定時間で高速に実現できる．よって，配列はランダムアクセス（先頭から順次要素を見ていくようなシーケンシャルアクセスではなく，任意番目の要素に直接アクセスする方法）に強いデータ構造であるといえる．

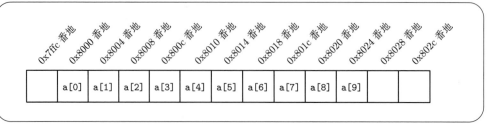

図 2.2　配列はメモリ上の連続した領域に配置される

[†] C++ では，配列の範囲外の要素にアクセスした場合に即座にエラーが発生するわけではないため，添字の取扱いには十分に注意する必要がある．例えばアクセス先がプロセスに割り当てられたメモリ空間外であれば，通常 OS が不正なメモリアクセス（セグメンテーション違反）として検出しプロセスを停止させるが，そうでない場合，プログラムはそのまま実行を継続するため，発見が困難な不具合の原因となる．

2.2.2 可変長配列

　配列はデータの集まりを表現するための簡便なデータ構造ではあるが，配列に格納したい要素数の上限が事前にわかっていないと利用できないという欠点がある．そこで本節では可変長配列の実現方法を紹介する．すなわち，配列のサイズが不足した場合に，自動的により大きな配列を新たに確保し，古い配列のデータを新しい配列にコピーする手法を紹介する．

　リスト 2.1 は，int 型の可変長配列を表すクラス Vec の実装例である†．このクラスは簡単な機能しか提供しないが，可変長配列を実現するための仕組みを理解するには十分である．まずは，その利用方法について説明する．可変長配列オブジェクトを生成するには Vec v; のように宣言する．配列 v の初期サイズは 0 である．配列に要素を追加する場合は，メンバ関数 add(int val) を利用する．配列の容量が不足する場合は自動的に拡張され，配列末尾に指定された値 val を追加する．配列に格納されている要素数は v.size() により取得でき，i 番目の要素を参照するには v.get(i) とする．リスト 2.1 の main 関数は Vec の使用例である．標準入力（cin）から任意個の整数を読み込み，それを可変長配列 v に保存した後（37 行目），配列の内容を表示している（38 行目）．

```cpp
1  #include <iostream>
2  #include <cassert>
3  using namespace std;
4
5  class Vec {
6  private:
7    int *data;        // 配列の先頭アドレス
8    int  cap, sz;     // 確保済の配列サイズと使用済の配列サイズ
9    void growTo(int newcap) {     // 指定サイズに配列を伸長する
10     assert(newcap >= sz);
11     int *newdata = new int[newcap];
12     for (int i = 0; i < sz; i++) newdata[i] = data[i];
13     delete[] data;  data = newdata;  cap = newcap;
14   }
15 public:
16    Vec() { data = NULL; cap = 0; sz = 0; }
17    ~Vec() { delete[] data; }
18    void add(int val) {
19      if (cap == sz) growTo((cap + 1) * 2);     // 約 2 倍に拡大
20      data[sz++] = val;
21    }
22    int  get(int idx) const { assert(0 <= idx && idx < sz); return data[idx]; }
23    int  removeLast()       { assert(sz > 0); return data[--sz]; }
24    int  size()       const { return sz; }
25    bool isEmpty()    const { return sz == 0; }
26    friend ostream& operator<< (ostream& stream, const Vec& v) {
27      stream << "[";
28      if (v.size() > 0) stream << v.get(0);
29      for (int i = 1; i < v.size(); i++) stream << "," << v.get(i);
30      return stream << "]";
```

---

† クラスがメンバ変数としてポインタをもつ場合は，コピーコンストラクタと代入演算子を適切に定義する必要があるが，本書の範囲を超えるためここでは省略している．実際に可変長配列を利用する場合には，p.18 の談話室で紹介するクラス vector を利用してほしい．

16　　2. データ構造の基礎

```
31       }
32   };
33
34   int main(void) {
35     Vec v;
36     int n;
37     while (cin >> n) v.add(n);
38     cout << v << endl;
39     return 0;
40   }
```

リスト **2.1**　可変長配列を表すクラス Vec

クラス Vec は，3種類のメンバ変数をもつ．配列の先頭アドレスを保持するポインタ data と，配列の容量（大きさ）を表す cap，配列が保持している要素数を表す sz である．これらの変数は，コンストラクタにおいて data は NULL に，cap と sz は 0 に初期化される（16行目）．すなわち，Vec オブジェクト生成直後の状態では配列は確保されておらず空であることを意味する．メンバ関数 add が呼び出されると，まず配列の容量に余裕があるか調べる（19行目）．もし cap == sz ならば，配列は満杯であるのでサイズを伸長するため private メンバ関数 growTo を呼び出す．その引数 (cap + 1) * 2 は新しい配列の大きさを表し，約2倍に伸長している（cap の初期値が 0 であるため 1 を加算している）．配列の伸長後は，配列の末尾要素として指定要素を格納する（20行目）．

次に関数 growTo について説明しよう．10行目にある assert(...); は assert マクロと呼ばれるものであり，デバッグのための命令文である．assert は，その引数を評価して，それが真ならば何もしないが，偽の場合はエラーメッセージを出力してプログラムの実行を停止する．関数 growTo は，伸長後の配列サイズ newcap が，伸長前の配列が保持している要素数 sz 以上であることを前提としているため，そのチェックを行っている．assert は，プログラマが保証したい事前条件を明記するためにしばしば利用される．assert マクロを利用する場合はヘッダファイル cassert をインクルードする必要がある（2行目）[†]．次に11行目にて新しい配列 newdata を確保している．ここで new int[newcap] は，newcap 個の int 型変数を格納するための連続したメモリ領域を確保し，その先頭アドレスを返す．new 演算子を利用することで，実行時に任意サイズのメモリ領域を動的に確保することが可能になる．new 演算子で確保したメモリ領域は，明示的に解放することを指示しないかぎり利用可能である．したがって関数 growTo を抜けた後でも有効なメモリ領域として存在しつづける．一方，例えば int newdata[newcap]; のように局所変数として新しい配列を確保した場合，関数を抜けた時点で自動的にメモリ領域が解放されるため，新しい配列として利用しつづけることができない．次に12行目にて古い配列のデータを新しい配列にコピー

[†] もし #include <cassert> より前に NDEBUG マクロが定義されている場合（すなわち #define NDEBUG），プログラム中の assert 文は存在しないものとしてコンパイルされる．

している．ここで newdata[i] は，先頭アドレス newdata から数えて i 番目の要素を表す．すなわち，ポインタ変数はあたかも配列のように利用することが可能である．コピー完了後，古い配列のメモリ領域は不要となるので解放する．これは delete[] 演算子を利用して delete[] data; のようにすれば解放できる（13 行目）．そして新しい配列の先頭アドレスと大きさを，それぞれ data, cap に保存している．以上で配列の伸長が完了する．

　可変長配列オブジェクトが破棄されるとき（例えばリスト 2.1 では 39 行目において main 関数が終了するとき，局所変数として宣言されたオブジェクト v が破棄される），内部で確保していたメモリ領域を解放する必要がある．もし解放をし忘れると，プログラムが終了するまでそのメモリ領域は占有されづづけることになる．これはメモリリーク（memory leak）と呼ばれるバグの一つである．C++ では，オブジェクトが破棄されるとき，デストラクタと呼ばれる特別な関数が自動的に呼び出される．デストラクタは，コンストラクタと同様に戻り値の型をもたず，クラス名の先頭に ~ を付加した名前をもつ特別な関数である．コンストラクタとは異なり引数をもつことはできない．クラス Vec のデストラクタは ~Vec() であり，確保済みのメモリ領域を delete[] data; により解放している（17 行目）．

　メンバ関数 get, removeLast, size, isEmpty は，それぞれ指定された位置の要素を取得する関数，配列の末尾要素を削除する関数，配列のサイズを返す関数，配列が空かどうか調べる関数である（22–25 行目）．メンバ関数 get や size, isEmpty の関数本体の前にある const 修飾子は，そのメンバ関数の内部でメンバ変数に変更を加えない（すなわちオブジェクトの状態が変化しない）ことを宣言する修飾子である．これらの関数ではメンバ変数の値を参照するだけで，それを変化させることはない．一方，メンバ関数 removeLast はオブジェクトの状態を変化させるため const 修飾子を付けることはできない．26–31 行目は，可変長配列オブジェクトをストリームに出力するための << 演算子を定義したフレンド関数である．

　以上のようにしてクラス Vec では可変長配列を実現している．このクラス Vec は int 型の可変長配列であるが，int 型に依存したコードはそのごく一部であり，その部分を他の型に書き換えることで，その型の可変長配列を簡単に実現できる．さらに C++ の機能の一つであるクラステンプレートを利用すると，任意の型の可変長配列に一般化することが可能である．リスト 2.2 は可変長配列のクラステンプレートの実装例である．クラス宣言の冒頭に template <class T> を付加し（1 行目），int 型に依存する部分を T に置き換えている（置き換えたのは int 型に依存していた 4, 7, 14, 18, 19, 22 行目のみ）．このクラステンプレートを利用して，ある型の可変長配列を実現したい場合は，T に具体的な型を指定する．例えば double 型の可変長配列を実現したい場合は Vec<double> v; のように宣言すればよい（31 行目）．すると，Vec クラステンプレートのパラメータ T を double に置換して得られ

18   2. データ構造の基礎

```
 1  template <class T>
 2  class Vec {
 3  private:
 4    T    *data;           // 配列の先頭アドレス
 5    int   cap, sz;        // 確保済の配列サイズと使用済の配列サイズ
 6    void growTo(int newcap) {      // 指定サイズに配列を伸長する
 7      T *newdata = new T[newcap];
 8      for (int i = 0; i < sz; i++) newdata[i] = data[i];
 9      delete[] data;  data = newdata;  cap = newcap;
10    }
11  public:
12    Vec() { data = NULL; cap = 0; sz = 0;  }
13    ~Vec() { delete[] data; }
14    void add(T value) {
15      if (cap == sz) growTo((cap + 1) * 2);      // 約2倍に拡大
16      data[sz++] = value;
17    }
18    T    get(int idx) const { assert(0 <= idx && idx < sz); return data[idx]; }
19    T    removeLast()       { assert(sz > 0); return data[--sz]; }
20    int  size()       const { return sz; }
21    bool isEmpty()    const { return sz == 0; }
22    friend ostream& operator<< (ostream& stream, const Vec<T>& v) {
23      stream << "[";
24      if (v.size() > 0) stream << v.get(0);
25      for (int i = 1; i < v.size(); i++) stream << "," << v.get(i);
26      return stream << "]";
27    }
28  };
29
30  int main(void) {
31    Vec<double> v;
32    double      n;
33    while (cin >> n) v.add(n);
34    cout << v << endl;
35    return 0;
36  }
```

リスト **2.2**　可変長配列を表すクラステンプレート Vec

るクラスが定義されているものとしてコンパイルされる. クラステンプレートを利用することで, 特定の型に依存しない汎用的なクラスを定義することが可能になる.

　クラス Vec は, 配列の容量が不足するとそれを自動的に伸長することで可変長配列を実現している. 容量が足りている場合, 配列末尾への要素の追加は一定時間で処理することができる. 一方, 配列の途中に要素を挿入したい場合は一つずつ要素を後ろにずらす必要があるため, 要素数に応じた時間が必要になる. 次節では, 要素の挿入や削除操作に強いデータ構造である連結リストを紹介する.

談　話　室

　C++ 標準テンプレートライブラリの vector クラス　　本節では, 可変長配列の実装例として Vec クラスを紹介したが, C++ では, より多機能で実用的な**可変長配列クラス vector** が**標準テンプレートライブラリ**（standard template library, **STL**）によって

提供されている．本章では可変長配列の実装例として Vec クラスを使用するが，通常は STL の vector クラスを利用してほしい．本節で可変長配列の実装例を示した狙いは，その基本的仕組みを理解し，利点・欠点を踏まえた上で，適切な場所で可変長配列を利用してほしいためである．ここで vector クラスの利用例を示そう．例えば，リスト 2.2 は vector クラスを利用するとつぎのように書くことができる．

```cpp
#include <iostream>
#include <vector>
using namespace std;
// 可変長配列 vector を stream に出力するための関数
template <class T> ostream& operator<< (ostream& stream, const vector<T>& a) {
  for (unsigned int i=0; i < a.size(); i++) stream << a[i] << ' ';
  return stream;
}
int main(void) {
  vector<double> v;      // double 型の可変長配列
  double n;
  while (cin >> n) v.push_back(n);
  cout << v << endl;
  return 0;
}
```

配列末尾に要素を追加する関数は Vec では add であったが，vector では push_back になる．また末尾要素を削除する関数は removeLast ではなく pop_back になる．ただし関数 pop_back は削除した末尾要素を戻り値として返さない．末尾要素を参照するには関数 back を利用する．指定番目の要素を参照する場合は get ではなく at または固定長配列と同様に演算子 [] を利用して a[i] のように記述する．この他にも vector クラスは便利な関数群を提供している．その詳細は C++ の教科書などを参照されたい．

2.3 連結リスト

　配列は，常に連続したメモリ領域上に確保され，各要素は同一の間隔で並んでいる．このため任意番目の要素へのアクセスを常に一定時間で行うことができる．しかし配列の途中に要素を挿入したり，削除する場合は配列の要素数に比例した時間を必要とする．図 2.3 にその例を示す．配列に要素を挿入する場合，挿入したい場所より後ろにある要素群を一つずつ

20   2. データ構造の基礎

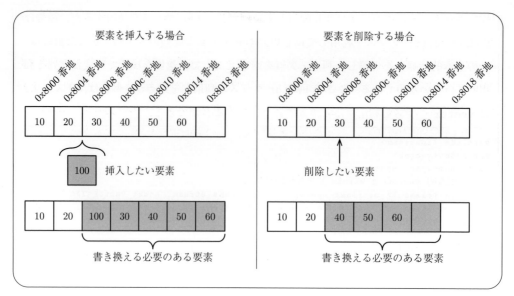

図 2.3 配列への要素の挿入と削除

後ろにずらし，要素を挿入するための場所を確保する必要がある．また要素を削除する場合も，削除したい場所より後ろにある要素を一つずつ前にずらさなければならない．図中では灰色の要素の書換えが必要となる．配列が長大である場合には多くの要素の移動が発生し，要素数に比例した時間を要することになる．

連結リスト (linked list) は，芋づる式に要素をつなぐデータ構造である．単にリストと呼ばれることも多い．配列とは異なり，リストに含まれる各要素は連続したメモリ領域上ではなく，メモリ上のどこにあってもよい．その代わり各要素は，その次の要素がメモリ上のどの番地にあるのかを保持するためのポインタをもつ．図 2.4 は六つの整数値 $10, 20, \cdots, 60$ からなるリストの例である．各要素はメモリ上のどこにあってもよく，図では先頭要素から順に 0x620 番地，0x990 番地，0x810 番地，… のように並んでいる．要素の並びを維持するため，リストの各要素は次の要素がどこになるのかを指し示すポインタをもつ．例えば先頭要素は，データ 10 と次要素の番地 0x990 から構成される．図中のある要素 A から要素 B へと伸びる矢印は，要素 A が要素 B の番地を保持していることを示している．以降の図で

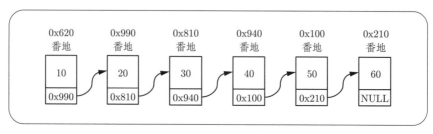

図 2.4 連結リストの例

は簡単のために番地を省略し，矢印により要素同士のつながりを表す．リストは，先頭要素から順に矢印（ポインタ）をたどることで要素の並びを表現するデータ構造である．

リストにおける要素の追加と削除は，矢印（ポインタ）の付け替えにより実現できる．図 **2.5** に例を示す．例えば，要素 20 と要素 30 の間に，新しい要素 100 を挿入したい場合，以下の三つの操作により実現できる（図（a））．図中では灰色部分のデータのみ更新すればよい．

1. 新しい要素 100 のためのメモリを確保する．その先頭番地を X とする．
2. 要素 100 のポインタに要素 30 の番地を格納する．
3. 要素 20 のポインタに番地 X を格納する．

配列へ要素を挿入する場合は要素数に比例した時間を要するが，リストの場合一定の時間で完了する．要素の削除についても同様である．例えば要素 30 を削除したい場合は以下のような操作になり（図（b）），挿入と同様に一定時間で完了する．

1. 要素 20 のポインタに，要素 40 の番地を格納する．
2. 要素 30 のメモリ領域を解放する．

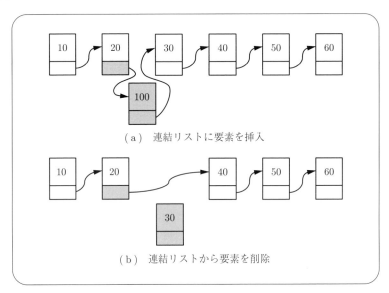

図 **2.5** 連結リストにおける要素の挿入と削除

〔1〕**連結リストの実装例**　　次に C++ によるリストの実現方法について考えよう．リスト 2.3 は T 型のデータを要素とするリストクラステンプレートの実装例である[†]．これは二つのクラスからなる．一つはリストの要素を表すクラス Cell であり，もう一つがリストを表すクラス List である．後者の List クラスの役割は，リストの先頭要素を保持するこ

[†] クラスがメンバ変数としてポインタをもつ場合は，コピーコンストラクタと代入演算子を適切に定義する必要があるが，本書の範囲を超えるためここでは省略している．

22   2. データ構造の基礎

```cpp
#include <iostream>
#include <cassert>
using namespace std;

template <class T>
class List {
private:
  class Cell {
  public:
    T       data;
    Cell *next;
    Cell(T d, Cell *n=NULL) { data = d; next = n; }
  };

  Cell *head;

public:
  List() { head = NULL; }
  ~List() { while (!isEmpty()) removeFirst(); }
  bool isEmpty() const { return head == NULL; }
  void addFirst(T data) { head = new Cell(data, head); }
  void addLast(T data) {
    if (head == NULL)
      addFirst(data);
    else {
      // 末尾要素を取得
      Cell *p = head;
      while (p->next != NULL)
        p = p->next;
      // 末尾要素の次要素として登録
      p->next = new Cell(data);
    }
  }
  T removeFirst() {
    assert(!isEmpty());
    Cell *old_head = head;
    T       data = old_head->data;
    head = head->next;
    delete old_head;
    return data;
  }
  friend ostream& operator<< (ostream& stream, const List& list) {
    stream << "[";
    if (list.head != NULL) {
      stream << list.head->data;
      for (Cell *p = list.head->next; p != NULL; p = p->next)
        stream << "," << p->data;
    }
    return stream << "]";
  }
};

int main(void) {
  List<int> l;
  l.addLast(1);  l.addLast(2);  l.addLast(3);
  cout << l << endl;
  l.removeFirst();
  cout << l << endl;
  l.addFirst(4);
  cout << l << endl;
  return 0;
}
```

リスト **2.3**　リストクラステンプレート List

2.3 連結リスト **23**

とと，リストに対する各種操作を提供することである．

まずリストの要素を表すクラス Cell について説明しよう（8–13行目）．このクラスは List クラスの private な内部クラスとして宣言している．これは，Cell クラスが List クラス内部のみから参照可能であることを意味する．クラス Cell の実装の詳細を外部に公開する必要がないため，ここでは private な内部クラスとして宣言している．クラス Cell は2種類のメンバ変数をもつ．要素が内部に保持する T 型のデータを表す data と，次の要素の番地を保持するポインタ next である．これらの変数はコンストラクタにおいて初期化される（12行目）．コンストラクタの定義は Cell(T d, Cell *n=NULL) となっており，ここで d が要素に保持させたい T 型の値，n が次要素の番地である．n=NULL は，この引数が省略可能であることを意味し，省略された場合は n に NULL が指定されたものと解釈される．ここでの NULL の意味は "次の要素は存在しない" である．

次にクラス List について説明する．List のメンバ変数はリストの先頭要素へのポインタ head のみである（15行目）．リストの各要素にアクセスするには，head からポインタを芋づる式にたどることになる．head はコンストラクタで NULL に初期化され（18行目），これはリストオブジェクトの初期値が空のリストであることを意味する．関数 isEmpty() はリストが空である場合に真を返すメンバ関数である（20行目）．クラス List のデストラクタでは，リストが空になるまでリストの先頭要素を破棄する関数 removeFirst（後述）を呼び出す（19行目）．すなわち，リストの各要素が占有しているメモリ領域をすべて解放している．

メンバ関数 addFirst(T data)（21行目）または addLast(T data)（22行目）はリストの先頭または末尾に data を保持する新しい要素を挿入する関数である．まず addFirst について説明しよう．リストの先頭に要素を挿入するには，まず 1) data を保持する新しい要素 p を確保し，2) p の次要素として旧先頭要素を登録した後，3) p を新しい先頭要素とすればよい．これを C++で表現すると以下のようになる．

```
1  Cell *p = new Cell(data);
2  p->next = head;
3  head = p;
```

1行目は，data を保持する新しい要素（Cell 型のオブジェクト）を確保し，そのアドレスを p に保存している．2行目の左辺 p->next は，ポインタ p で指し示されるオブジェクトのメンバ変数 next を表している．ここで -> は**アロー演算子**と呼ばれ，演算子の左側にはオブジェクトへのポインタを書き，演算子の右側にそのオブジェクトのメンバ変数やメンバ関数を書く．これはドット演算子を利用すると (*p).next という表記に等しいが，ポインタを利用してメンバ変数やメンバ関数にアクセスする場合は通常アロー演算子を利用する．2行目の右辺 head はリストの先頭要素を指し示すメンバ変数である．まとめると，2行目で

24   2. データ構造の基礎

は p の次要素として（旧）先頭要素 head を登録している．その後，3 行目において p を新しい先頭要素にしている．リスト 2.3 の 21 行目では，これらの処理を 1 行で実現している．

関数 addLast では，リストの末尾に要素を挿入するため，まず末尾要素を探し出し，その次要素として新しい要素を登録している．末尾要素を取得するには，head からポインタを芋づる式にたどればよい（27–29 行目）．ある要素 p が末尾要素であるかは，p->next が NULL かどうかで判断できる（28 行目）．末尾への要素の追加（31 行目）は addFirst と同様である．ただしリストが空の場合（すなわち head が NULL の場合）は，末尾要素がそもそも存在しないため，例外として addFirst を利用してリストに要素を追加している（23–24 行目）．

次に，リストの先頭要素を破棄する関数 removeFirst（34 行目）を説明する．この関数はリストが空ではないことを前提としている．空の場合はエラーメッセージを表示してプログラムを停止する（35 行目）．空でない場合，1) 破棄したい先頭要素の番地と先頭要素が保持するデータをいったん保存しておき（36, 37 行目），2) 先頭要素をリストから外した後で（38 行目），3) 古い先頭要素のメモリ領域を解放し（39 行目），最後に 4) リストから削除されたデータを戻り値として返している．2) と 3) の処理は入れ替えることができないことに注意してほしい．つまり，古い先頭要素を破棄した後で，その次要素の番地を取得することはできない．3) のメモリ解放では delete[] 演算子ではなく，delete 演算子を利用している（delete[] 演算子は，動的に確保された配列を解放するために利用する）．

クラス List の最後の関数 operator<< は，リストをストリームに出力するための演算子 << を定義したフレンド関数である（42–50 行目）．リスト 2.3 の実行結果を以下に示す．

```
1  [1,2,3]
2  [2,3]
3  [4,2,3]
```

本節で紹介した List クラスは，先頭に要素を挿入する addFirst，末尾に要素を挿入する addLast，先頭要素を削除する removeFirst の 3 種類の操作を提供している．リストの基本的な操作関数として，この他にも末尾要素の削除や任意番目への要素の挿入・削除操作が考えられる．これらの関数の実現は読者の課題とする（章末の "理解度の確認" を参照）．

〔2〕 **連結リストと配列の違い**　　リストと配列の違いをまとめておこう．2.2.1 項末尾で述べたように，配列は任意番目の要素に直接アクセスすることが可能なランダムアクセスに強いデータ構造である．一方，リストにおいて任意番目の要素にアクセスするには先頭から順に要素をたどる必要があるため，ランダムアクセスには弱く，シーケンシャルアクセスに適したデータ構造であるといえる．リストの利点の一つは，要素の順序を保ったまま，新しい要素を適切な場所に挿入したり，指定の要素を削除できることである．例えば，商品データが製造メーカー順に並んだリストに新しい商品を追加したり，古い商品を削除する場合な

どである．配列では，新しい要素を挿入したり，古い要素を削除したい場合，後続の要素を
すべて一つずつ後ろまたは前にずらす必要がある．次にメモリの使用量について考えてみよ
う．要素数が事前にわかっているならば配列は必要最小限のメモリ消費で済むが，要素数が
事前にわからない場合，可変長配列のように多めにメモリを確保しておき，不足した場合に
配列を伸張する操作が必要となる．また要素の削除によって配列末尾に空きが生じる場合も
ある．したがって配列では一般に使用していない無駄なメモリ領域が生じることになる．リ
ストの場合は，要素一つずつのメモリ領域を順次確保していくため無駄なメモリ領域は生じ
ないが，次要素の番地を保持するためのポインタを必要とするため，1 要素当りのメモリ消
費は配列よりも大きい†．表 2.1 はこれらの違いをまとめたものである．配列とリストには
異なる利点・欠点があり，どちらを利用するかは用途に応じて判断する必要がある．一般に，
要素の並びに意味があり，挿入や削除操作が頻繁に生じる場合，リストが向いている．

表 2.1 配列とリストの利点・欠点

	配列	リスト
ランダムアクセス	○	×
要素の挿入・削除	×	○
メモリ消費	△	△

〔**3**〕　**連結リストの種類**　　本節で紹介したリストは**片方向リスト**と呼ばれる最も基本的
なリスト構造である．片方向リストでは，末尾に要素を追加したり，末尾要素を削除する場
合，先頭から末尾まですべての要素をたどる必要がある．もし末尾要素の追加が頻繁に起き
るならば，**末尾要素へのポインタ付きリスト**を導入するとよい．図 **2.6**(a) にその概念図を示
す．このリストでは，先頭要素へのポインタ head だけでなく，末尾要素へのポインタ tail
も保持する．末尾への要素の追加はつぎの三つの手順で実現できる．

1) 　新しい末尾要素のためのメモリを確保する．その先頭番地を X とする．
2) 　tail が指す現在の末尾要素の次要素として X を登録する．
3) 　tail に X を代入する．

先頭から末尾まで要素をたどる必要がないため，常に一定時間で高速に追加できる．

　ただし末尾要素を削除する場合は，片方向リストと同様に先頭から末尾まで要素をたどる
ことになる．すなわち，末尾要素を E_n とし，その一つ前の要素を E_{n-1} とすると，E_n を削
除するためには，E_n のメモリ領域を解放した後，tail に E_{n-1} の番地を保存し，E_{n-1} の
次要素がないことを記録（すなわち E_{n-1} のメンバ変数 next に NULL を代入）する必要が
ある．したがって，末尾要素の削除では E_{n-1} の番地が必要となる．

---

† さらに new 演算子によりメモリ領域を確保する場合，"メモリ領域のどこからどこまでを使用しているか"
　といった管理用の情報も必要となるため，要求したサイズよりも多くのメモリが消費される．

2. データ構造の基礎

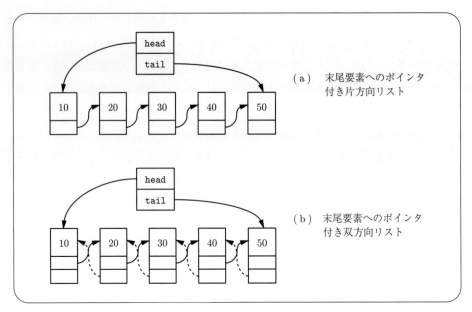

図 2.6 リストの発展形

　これを改善するには，各要素につぎの要素へのポインタだけでなく，一つ前の要素へのポインタを保持させた**双方向リスト**に拡張すればよい．図 (b) にその概念図を示す．このリストでは各要素が二つのポインタをもつ．一つは次の要素へのポインタであり，もう一つが前の要素へのポインタである．双方向リストでは，E_n から E_{n-1} をたどることができるため，末尾要素の削除も常に一定時間で実現することができる．末尾要素へのポインタ付きリストや双方向リストの実現は読者の課題とする（章末の"理解度の確認"を参照）．

　リストは，配列と同様にデータの集まりを表現する基本的なデータ構造であるとともに，他のデータ構造の実装にも利用される．次節では，リストを利用したデータ構造としてスタックとキューを紹介し，その後，リストを一般化した木構造を紹介する．

☕ 談　話　室 ☕

C++ 標準テンプレートライブラリの list クラス　　可変長配列クラス vector と同様に，連結リストも C++ の STL によって list クラスとして提供されている．この list クラスは双方向リストの実装でもある．本節で紹介した連結リストの実装例よりも多機能であり，通常は STL の list クラスを利用してほしい．

2.4 スタックとキュー

　スタックとキューはプログラムの中でしばしば利用される基本的なデータ構造である．配列やリストとは異なり，データの追加と取出しの順序に強い制限がある．スタックでは最後に入れたデータが最初に取り出され，キューでは最初に入れたデータが最初に取り出される．この働きを理解するには**図 2.7**に示す道具を思い浮かべるとよい．図 (a) は，料理を載せるトレーを保持するトレーディスペンサと呼ばれる装置である．新しくトレーを載せる場合は上から積み，トレーを使用する場合は最上部のトレーから取り出される．すなわち最後に載せたトレーが最初に取り出される．スタックもこれと同様に，最後にスタックに入れたデータが最初に取り出される．図 (b) はところてん突きである．ところてんを後ろから入れ，突き棒で押すと細長く切れた形で前から出てくる．よって最初に入れたところてんが最初に出てくる．キューもこれと同様に，最初にキューに入れたデータが最初に取り出される．以降ではスタックとキューの C++ による実現方法を紹介しよう．

〔1〕**スタック**　スタック（stack）は，**後入れ先出し**（last in first out，**LIFO**）のデータ構造である．最後にスタックに積んだデータが最初に取り出される．スタックにデータを積む操作を**プッシュ**（push），スタックからデータを取り出す操作を**ポップ**（pop）という．スタックの基本的な操作はこの二つである．**図 2.8**は，空のスタックに整数 1, 2, 3 を順

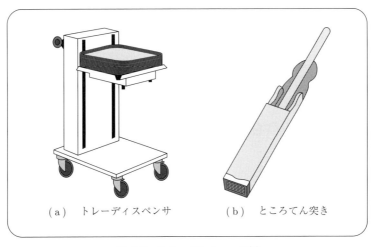

(a)　トレーディスペンサ　　(b)　ところてん突き

図 2.7　スタックとキューの例

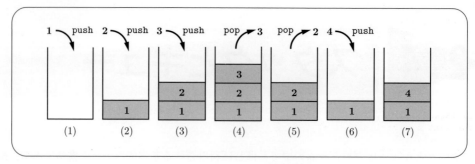

図 2.8　スタックの 2 種類の操作

にプッシュした後，2 回ポップし，その後 4 をプッシュする様子を示している．以下ではリストと配列を利用したスタックの実現方法を紹介する．

スタックの上部をリストの先頭，スタックの下部をリストの末尾と見なせば，プッシュとポップは，それぞれリストの先頭要素の追加と先頭要素の削除に対応する．リスト 2.3 で示したクラス List のメンバ関数 addFirst と removeFirst を見るとわかるように，リストの先頭要素の追加と削除は一定時間で高速に実現できる[†1]．ここではクラス List を継承してスタッククラスを実現する例を示そう．

リスト 2.4 はリストによるスタッククラス ListStack の実装例である[†2]．ここでは T 型のデータを要素とするスタックのクラステンプレートとして宣言している（1 行目）．2 行目の "class ListStack : public List<T>" は，ListStack クラスが List クラスを継承することを宣言している．**継承**（inheritance）とは，既存のクラスを変更することなく，それを再利用し，拡張する仕組みである．ここでは List クラスを基にして，新しく二つのメンバ関数（push と pop）を追加したクラス ListStack を定義している．継承元の List を**親クラス**と呼び，継承先の ListStack を**子クラス**と呼ぶ．継承により，子クラスは親クラスの機能（メンバ変数やメンバ関数）を引き継ぐ．ただし親クラスの private なメンバ変数やメンバ関数は親クラス内でのみアクセス可能であり，子クラスでは利用できない．クラス ListStack のメンバ関数 push と pop は，それぞれ親クラスのメンバ関数 addFirst と removeFirst を呼び出している（4, 5 行目）[†3]．いわばこのクラスは，List クラスのメンバ関数 addFirst と removeFirst にそれぞれ別名 push と pop を与えただけといえる．この他にも親クラス List の public なメンバ関数はすべて利用可能である[†4]．

[†1] 逆にスタックの上部をリストの末尾，スタックの下部をリストの先頭と見なして，プッシュとポップをリストの末尾要素の追加と削除に対応させてもよいが，片方向リストの場合，リストの長さに応じた時間が必要となる．ただし末尾要素へのポインタ付き双方向リストであれば一定時間で実現可能である．

[†2] クラス List の定義やヘッダファイルなどの宣言は紙面の都合上省略している．

[†3] List<T>::addFirst() と List<T>::removeFirst() は，それぞれ親クラスのメンバ関数 addFirst と removeFirst を呼び出すことを明示的に指示している．テンプレートのパラメータ T に依存する関数を呼び出す場合，C++ ではどのクラスに属する関数なのか明示する必要があるためである．

[†4] これは List を public な親クラスとして継承しているからである（2 行目の public）．

2.4 スタックとキュー **29**

```
1  template <class T>
2  class ListStack : public List<T> {
3  public:
4    void push(T n) { List<T>::addFirst(n); }
5    T    pop()     { return List<T>::removeFirst(); }
6  };
7
8  int main(void) {
9    ListStack<int> s;
10   for (int i = 0; i < 3; i++) {
11     s.push(i);
12     cout << "push(" << i << ")   list stack = " << s << endl;
13   }
14   while (!s.isEmpty())
15     cout << "pop() = " << s.pop() << " list stack = " << s << endl;
16   return 0;
17 }
```

リスト **2.4** リストによるスタックの実装

リスト 2.4 の実行結果を以下に示す．このプログラムでは，0 から 2 までの数字を順次プッシュし，その後スタックが空になるまでポップを繰り返す．プッシュでは，リストの先頭に要素が挿入され，ポップではリストの先頭要素が削除されていることがわかる．

```
1  push(0)   list stack = [0]
2  push(1)   list stack = [1,0]
3  push(2)   list stack = [2,1,0]
4  pop() = 2 list stack = [1,0]
5  pop() = 1 list stack = [0]
6  pop() = 0 list stack = []
```

次に配列によるスタックの実装例を示そう．配列における要素の挿入と削除は，それが末尾位置であれば一定時間で高速に実現できる．よってスタックの上部を配列の末尾，スタックの下部を配列の先頭と見なせば，プッシュとポップは，それぞれ配列の末尾要素の追加と末尾要素の削除により実現できる．リストによるスタックの実装と同様に，可変長配列クラス Vec を継承してスタッククラス VecStack を実現する例をリスト 2.5 に示す．

```
1  template <class T>
2  class VecStack : public Vec<T> {
3  public:
4    void push(T n) { Vec<T>::add(n); }
5    T    pop()     { return Vec<T>::removeLast(); }
6  };
7
8  int main(void) {
9    VecStack<int> s;
10   for (int i = 0; i < 3; i++) {
11     s.push(i);
12     cout << "push(" << i << ")   vec stack = " << s << endl;
13   }
14   while (!s.isEmpty())
15     cout << "pop() = " << s.pop() << " vec stack = " << s << endl;
```

```
16      return 0;
17  }
```

リスト 2.5　可変長配列によるスタックの実装

クラス VecStack のメンバ関数 push と pop は，それぞれ親クラスから継承したメンバ関数 add と removeLast を呼び出しているだけである（4, 5 行目）．リスト 2.5 の実行結果を以下に示す．リストによるスタックの実装 ListStack とは異なり，プッシュでは配列の末尾に要素が追加され，ポップでは配列の末尾要素が削除されていることがわかる．

```
1  push(0)    vec stack = [0]
2  push(1)    vec stack = [0,1]
3  push(2)    vec stack = [0,1,2]
4  pop() = 2 vec stack = [0,1]
5  pop() = 1 vec stack = [0]
6  pop() = 0 vec stack = []
```

〔2〕キ　ュ　ー　キュー (queue) は，先入れ先出し (first in first out, **FIFO**) のデータ構造である．最初にキューに挿入したデータが最初に取り出される．キューにデータを挿入する操作を**エンキュー** (enqueue)，キューからデータを取り出す操作を**デキュー** (dequeue)という．キューの基本的な操作はこの二つである．図 2.9 は，空のキューに整数 1, 2, 3 を順にエンキューした後，2 回デキューし，その後 4 をエンキューする様子を示している．以下ではリストを利用したキューの実現方法を紹介する．

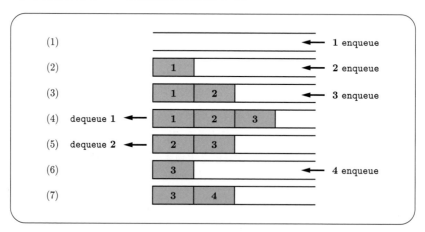

図 2.9　キューの 2 種類の操作

キューの右端（データの入口）をリストの末尾，キューの左端（データの出口）をリストの先頭と見なせば，エンキューとデキューは，それぞれリストの末尾要素の追加と先頭要素の削除に対応する．もしくは逆にキューの右端をリストの先頭，キューの左端をリストの末尾と見なして，エンキューとデキューをそれぞれリストの先頭要素の追加と末尾要素の削除に対応させてもよい．ここでは前者の方法によるキューの実装を示そう．

2.4 スタックとキュー **31**

リスト 2.6 はリストによるキュークラス ListQueue の実装例である．ここでは ListQueue を T 型のデータを要素とするキューのクラステンプレートとして宣言している（1 行目）．クラス ListQueue は List クラスを継承しており（2 行目），新たなメンバ関数として enqueue と dequeue を定義している（4, 5 行目）．これらのメンバ関数は，それぞれ親クラスから継承したメンバ関数 addLast と removeFirst を呼び出しているだけである．リスト 2.6 の実行結果をその下に示す．エンキューではリストの末尾に要素が追加され，デキューではリストの先頭要素が削除されていることがわかる．

```
template <class T>
class ListQueue : public List<T> {
public:
  void enqueue(T n) { List<T>::addLast(n); }
  T    dequeue()    { return List<T>::removeFirst(); }
};

int main(void) {
  ListQueue<int> q;
  for (int i = 0; i < 3; i++) {
    q.enqueue(i);
    cout << "enqueue(" << i << ")     list queue = " << q << endl;
  }
  while (!q.isEmpty())
    cout << "dequeue() = " << q.dequeue() << " list queue = " << q << endl;
  return 0;
}
```

リスト **2.6** リストによるキューの実装

```
enqueue(0)     list queue = [0]
enqueue(1)     list queue = [0,1]
enqueue(2)     list queue = [0,1,2]
dequeue() = 0 list queue = [1,2]
dequeue() = 1 list queue = [2]
dequeue() = 2 list queue = []
```

次に配列によるキューの実装方法の概略を示そう．キューを配列により実装する場合は，配列の末尾を先頭にリング状につなげて考えるとよい．**図 2.10** にその例を示す．この例ではサイズ 8 の配列 a の末尾と先頭をつなげており，末尾要素 $a[7]$ の次要素は $a[0]$ であると考える．このようなデータ構造をリングバッファ（ring buffer）という．図中の head はキューが保持する先頭要素を指し，tail は末尾要素の次要素を指している．図 (a) は空のキューに $1, 2, \ldots, 6$ を順にエンキューした後の状態を表している．エンキューでは，tail が指す場所にデータを書き込んだ後，tail の値を 1 増加させればよい（7 の次は 0 である）．また図 (b) は 4 回デキューした後の状態である．デキューでは，head が指すデータを取り出した後，head の値を 1 増加させる．図 (c) はキューが満杯になった状態である．キューが空もしくは満杯のとき，head と tail は等しい要素を指すため，それを区別するためにキューが保持している

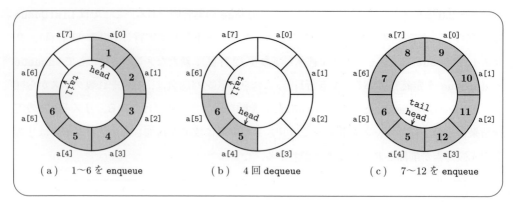

図 2.10 リングバッファの操作例

要素数を記録しておくとよい．リングバッファを用いたキューの実装は読者への課題とする（章末の"理解度の確認"を参照）．

2.5 木構造

木構造（tree structure）はコンピュータ科学のさまざまな分野において現れるデータ構造である．単に木と呼ばれることも多い．ここでは根付き木（rooted tree）と呼ばれる木構造を紹介する．根付き木は最もよく用いられる木構造であり，単に木といった場合，根付き木を指すことが多い．本章でも特に断らないかぎり，木といえば根付き木を指すものとする．樹木が根から幹を通して複数の枝葉を伸ばすように，根付き木も根からいくつかの枝が伸び，各枝はさらにいくつかの枝を伸ばすという再帰的な構造をしている．根付き木の例を図 2.11 に示す．コンピュータ科学の分野では木を逆さまに描くことが多い．すなわち木の根を図の上部に，葉を下部に描く．

根付き木は，根（root node）と呼ばれる頂点をたかだか一つもつ．根のない木は，頂点が存在しない空の木（empty tree）である．根は 0 本以上の枝（edge）をもつ．枝の先にあるのは頂点であり，その頂点もまた 0 本以上の枝をもつ．枝で結ばれた二つの頂点のうち，根頂点に近いほうを親頂点（parent node）と呼び，他方を子頂点（child node）と呼ぶ．根付き木では，各頂点はたかだか一つの親頂点と任意個の子頂点をもつ．親頂点をもたない頂点が根であり，子頂点をもたない頂点を葉（leaf node）と呼ぶ．頂点の深さ（depth）とは根からその頂点に至る経路に含まれる枝の数をいい，木の深さとは，その木の葉の最大深さを

2.5 木 構 造

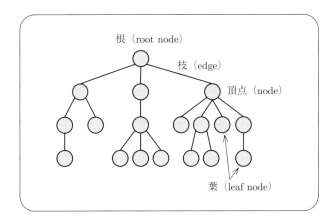

図 2.11 木 の 例

いう．図 2.11 の木の深さは 3 である．

　木の各頂点がたかだか一つの子頂点しかもたない場合，それは連結リストに等しい．よって連結リストは特殊な木といえる．木の各頂点がたかだか二つの子頂点しかもたないとき，その木を**二分木**（binary tree）と呼ぶ（**図 2.12**（a））．二分木の深さを d とする．もしすべての葉が深さ d または $d-1$ にあり，かつ深さ d の葉が左詰めになっているとき，それを**完全二分木**（complete binary tree, perfect binary tree）という．図（b）に完全二分木の例を示す．一般に，木の各頂点がたかだか n 個の子頂点しかもたない木を **n–分木**（n–ary tree, n–way tree）と呼ぶ．図（c）は三分木の例である．

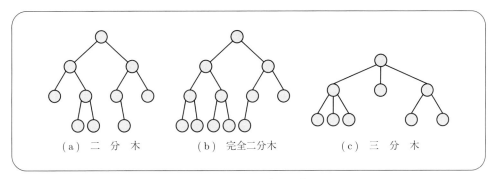

(a) 二 分 木　　　(b) 完全二分木　　　(c) 三 分 木

図 2.12 さまざまな木

〔1〕 **木の実装方法**　二分木は，連結リストを除けば最も単純な木構造であり，幅広い応用がある．その詳細は 4 章「二分木とその応用」で紹介するが，ここでは二分木の基本的な実装方法を示そう．連結リストでは，各要素は次要素へのポインタを一つ保持していた．これは連結リストがたかだか一つの子頂点しかもたない特殊な木だからである．よって n–分木を実現するには，各頂点に n 個の子頂点へのポインタを保持させればよい．リスト 2.7 は二分木における頂点の実装例である．BinNode<T> は二分木の頂点を表すクラステンプレー

34 2. データ構造の基礎

トであり，連結リストの要素と同様に T 型のデータを保持する．連結リストとの違いは，子
頂点へのポインタを二つ保持していることである（4 行目の left および right）．これらの
メンバ変数はコンストラクタにおいて初期化される（7 行目）．子頂点へのポインタを可変長
配列や連結リストで保持するようにすれば n–分木が実現できる．main 関数では 7 個の頂点
n1, $\cdots$, n7 からなる図 **2.13** の二分木を構築している（48–49 行目）．二分木の根は頂点 n7
であり，葉は n1, n2, n4, n5 である．この例では，各頂点 n_i は int 型の整数 i を保持する．

```
1  template <class T> class BinNode {
2  private:
3    T            data;
4    BinNode<T> *left, *right;
5  public:
6    BinNode(T d, BinNode<T> *l=NULL, BinNode<T> *r=NULL) {
7      data = d; left = l; right = r;
8    }
9
10   void traversePreOrder() {
11     VecStack<BinNode<T> *> stack;
12     stack.push(this);
13     while (!stack.isEmpty()) {
14       BinNode<T> *p = stack.pop();
15       cout << p->data << ' ';
16       if (p->right != NULL) stack.push(p->right);
17       if (p->left  != NULL) stack.push(p->left );
18     }
19   }
20   void traverseLevelOrder() {
21     ListQueue<BinNode<T> *> queue;
22     queue.enqueue(this);
23     while (!queue.isEmpty()) {
24       BinNode<T> *p = queue.dequeue();
25       cout << p->data << ' ';
26       if (p->left  != NULL) queue.enqueue(p->left );
27       if (p->right != NULL) queue.enqueue(p->right);
28     }
29   }
30   void rtraversePreOrder() {
31     cout << data << ' ';
32     if (left  != NULL) left ->rtraversePreOrder();
33     if (right != NULL) right->rtraversePreOrder();
34   }
35   void rtraverseInOrder() {
36     if (left  != NULL) left ->rtraverseInOrder();
37     cout << data << ' ';
38     if (right != NULL) right->rtraverseInOrder();
39   }
40   void rtraversePostOrder() {
41     if (left  != NULL) left ->rtraversePostOrder();
42     if (right != NULL) right->rtraversePostOrder();
43     cout << data << ' ';
44   }
45 };
46
47 int main(void) {
48   BinNode<int> n1(1), n2(2), n3(3, &n1, &n2), n4(4);
49   BinNode<int> n5(5), n6(6, &n4, &n5), n7(7, &n3, &n6);
50
51   cout << "STACK & QUEUE VERSION" << endl;
52   cout << "   pre-order: "; n7.traversePreOrder();    cout << endl;
53   cout << " level-order: "; n7.traverseLevelOrder(); cout << endl;
54
55   cout << "RECURSIVE VERSION" << endl;
56   cout << "   pre-order: "; n7.rtraversePreOrder();    cout << endl;
```

```
57      cout << "    in-order: "; n7.rtraverseInOrder();    cout << endl;
58      cout << "  post-order: "; n7.rtraversePostOrder();  cout << endl;
59
60      return 0;
61  }
```

リスト **2.7** 二分木の実装例

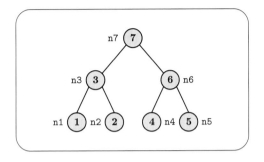

図 **2.13** リスト **2.7** が構築する二分木

　ここでは簡単のために，二分木の頂点を表す BinNode クラスのみを示し，二分木を表すクラスを定義していない．一般的には，木を表すクラスを別途定義し，そのクラスに木の管理（頂点の追加や削除，探索，列挙など）を任せることが多い．例えば連結リストの実装例（リスト 2.3）でも，リストの要素を表す Cell クラスと，リストを表す List クラスの二つを作成し，List クラスがリストを操作する関数群を提供している．木を管理するクラスの実装例は 4 章を参照してほしい．

　ここではポインタを利用した二分木の実装例を紹介したが，配列上に n–分木を構成する手法もよく利用される．例えば二分木の場合，親頂点を配列の i 番目に格納したならば，その子頂点を $2i+1$ 番目および $2i+2$ 番目に保存するといった具合である．この場合，頂点間の親子関係は配列の添字で識別できるため，子頂点へのポインタは不要となる．この手法の詳細についても 4 章を参照されたい．

　〔**2**〕**木のなぞり**　　木が与えられたとき，木の各頂点を系統だった順序で訪問したい場合がある．これを木のなぞり（traverse）または走査（scan）という．木のなぞりには大きく分けて**深さ優先探索**（depth–first search）と**幅優先探索**（breadth–first search）があり，さらに前者は親頂点の訪問順序によって**前順**（pre-order），**間順**（in-order），**後順**（post-order）に分かれる．まずこれらのなぞりの定義を示し，その後応用例を示そう．

　深さ優先探索は，根から葉に向かって子頂点をたどりながら訪問する探索手法である．もし葉に到達した場合は，未訪問の子頂点をもつ直前の親頂点に戻り，別の子頂点を訪問する．二分木における深さ優先探索の例を図 **2.14**（a）に示す．この例では最左の子頂点を優先して探索している．深さ優先探索では，親頂点を子頂点よりも先に訪問するのか，途中で訪問するのか，最後に訪問するのかによって 3 種類のなぞりがある．

36   2. データ構造の基礎

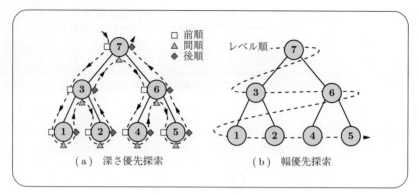

図 2.14　木のなぞり

- 前順では，子頂点を訪問する前に親頂点を訪問する．図 2.14 に示される木の場合，$7, 3, 1, 2, 6, 4, 5$ の順に訪問する（図中の□の順に訪問）．
- 間順では，最左の子頂点を訪問した後，親頂点を訪問し，次に残りの子頂点を訪問する．よって $1, 3, 2, 7, 4, 6, 5$ の順に訪問する（図中の△の順に訪問）．
- 後順では，すべての子頂点を訪問した後に親頂点を訪問する．よって $1, 2, 3, 4, 5, 6, 7$ の順に訪問する（図中の◇の順に訪問）．

幅優先探索は，ある深さにあるすべての頂点を訪問した後，次の深さにある頂点群を訪問する探索手法である．レベル順（level-order）ともいう．レベル順探索の例を図 (b) に示す．

次に各探索手法の応用例を示そう．ファイルシステム上のディレクトリ構造は木によって表すことができる（図 2.15）．前順と後順は，それぞれディレクトリ構造のコピーおよび削除操作において必要となる．あるディレクトリ構造のコピーを作成するには，コピー先に親ディレクトリを作成した後，そのディレクトリの内容をコピーするという手順になる．すなわち前順に従って各頂点を訪問する必要がある．逆にディレクトリ構造を削除する場合は，まずディレクトリの中身を削除後に空となった親ディレクトリを削除する必要がある．すな

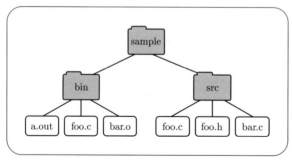

図 2.15　ディレクトリ構造の例

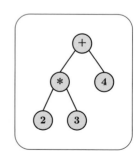

図 2.16　数式 $2 * 3 + 4$ に対する構文木の例

わち後順に従う．間順の応用例として構文木の表示がある．コンパイラはソースプログラムを解析し，構文木を生成した後，それを目的の言語へ変換する．図 **2.16** は数式 $2*3+4$ に対する構文木の例である．図中の頂点 $*$ は子頂点として $2, 3$ をもっており，これは演算子 $*$ が演算子 $+$ よりも優先順位が高いことを表している．この構文木が表す数式を文字列として画面に出力する場合，間順で頂点を訪問すればよい．幅優先探索は最短経路を求めるアルゴリズムにおいてよく利用される．例えば，根を始点として，根に最も近い特定の条件を満たす頂点を求めたい場合，レベル順に探索すればよい．6.3 節ではグラフ上の最短経路を求める代表的なアルゴリズムとして，ダイクストラのアルゴリズムと A^* アルゴリズムを紹介するが，これらも基本的には幅優先探索アルゴリズムである．

〔**3**〕**スタックとキューによる木のなぞり**　ここではスタックとキューを利用して，前順とレベル順のなぞりを実現する手法を紹介する．スタックとキューには今後訪問予定の頂点群を格納する．最初は根のみを格納する．スタックまたはキューから頂点 p を取り出し，頂点 p を訪問した後，p の子頂点をすべてスタックまたはキューに格納する．これをスタックまたはキューが空になるまで繰り返す．

図 **2.17**(a) はスタックを利用した前順のなぞりの過程を表している．最初スタックは根頂点 7 のみを保持する（図 (1)）．スタックから頂点 7 をポップし，7 を訪問した後，その子頂点である 3, 6 をプッシュする（図 (2)）．次に頂点 3 をポップし，3 を訪問した後，その子頂点である 1, 2 をプッシュする（図 (3)）．このとき 1, 2 が 6 の上に積まれることに注意してほしい．これはスタックが後入れ先出し（LIFO）のデータ構造であり，最後に格納した頂点が最初に取り出されるためである．よって 6 よりも先に 1 を訪問することになり（図 (4)），前順のなぞりが実現する．リスト 2.7 の `BinNode` クラスのメンバ関数 `traversePreOrder`

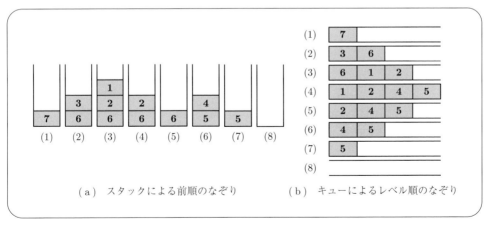

図 **2.17**　スタックとキューによるなぞりの実現

38　　2. データ構造の基礎

は，スタックを利用した前順のなぞりの実装例である（10–19 行目）．スタックに子頂点をプッシュする場合，左の子頂点よりも右の子頂点を先にプッシュすることに注意してほしい（16, 17 行目）．スタックは後入れ先出しのデータ構造であるため，右の子頂点の後に左の子頂点をプッシュすることで，先に左の子頂点を探索するようにしている．

　図（b）はキューを利用したレベル順のなぞりの過程である．図 (3) は，頂点 3 を訪問した後，その子頂点である 1, 2 をエンキューした状態を表している．キューは先入れ先出し（FIFO）のデータ構造であり，最初にキューに追加した頂点が最初に取り出される．したがって，1, 2 は 6 の後に追加される．キューの先頭の頂点は，キュー内で最も浅い頂点となるため，キューを利用することでレベル順のなぞりが実現する．リスト 2.7 の BinNode クラスのメンバ関数 traverseLevelOrder は，キューを利用したレベル順のなぞりの実装例である（20–29 行目）．

　〔4〕 **再帰呼び出しによる木のなぞり**　　木は再帰的なデータ構造である．根頂点はいくつかの子頂点をもち，その各子頂点もまたいくつかの子頂点をもっている．再帰的なデータ構造に対する操作は，「再帰呼び出し」を利用するとしばしば簡潔に記述できる．

　再帰呼び出し（recursive call）とは，関数 F の中で F を呼ぶことをいう．リスト 2.8 は，整数 from から to までの総和を計算する関数 sum を再帰呼び出しにより定義した例である．3 行目において，関数 sum の中で sum を再帰的に呼び出している．この例では from $\leqq$ to を仮定している．初めて再帰呼び出しを学習するとき，ある関数の中でその関数自身を呼び出すことに違和感を感じるかもしれないが，"たまたま同じ名前の関数を呼び出している"だけであり，通常の関数呼び出しと異なることはない．図 **2.18** は sum(1, 10) の計算過程を表している．1 から 10 までの総和は，2 から 10 までの総和に 1 を足したものであり，2 から 10 までの総和は，3 から 10 までの総和に 2 を足したものである．すなわち，from から to までの総和は，from + 1 から to までの総和に from を足したものとなる．これは from + sum(from + 1, to) と表すことができる（3 行目）．関数 sum は sum 自身を再帰的に呼び出すが，どこかの時点でそれを止める必要がある．この例では from と to が一致した場合に，from そのものを返すことで再帰呼び出しを終了している（2 行目）．

```
int sum(int from, int to) {
  if (from == to) return from;
  return from + sum(from + 1, to);
}

int main(void) {
  cout << sum(1, 10) << endl;
  return 0;
}
```

リスト **2.8**　再帰呼び出しによる総和の計算

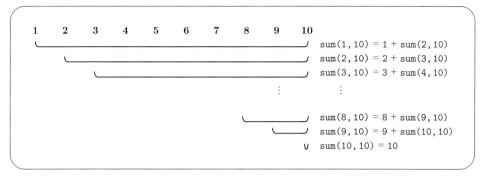

図 2.18 再帰呼び出しによる sum(1, 10) の計算過程

再帰呼び出しは，ある問題 P を解きたいときに P を直接解くのではなく，

- P をいくつかの部分問題 $P_1, \ldots, P_k$ に分割し，
- 各部分問題 P_i を再帰呼び出しにより解き，その解 S_i を求め，
- 各部分問題の解 $S_1, \ldots, S_k$ から元の問題 P の解を構成する

手法である．また再帰呼び出しが無限につづくことを避けるため，

- 部分問題 P_i が十分に簡単になった場合は，再帰を利用せずに P_i を直接解く

必要がある．再帰呼び出しの利点は，問題 P を直接解く必要がない点である．総和の例では，`from` から `to` までの和を求める問題を，`from` と `from + 1`から `to` までの和を求める問題に分割し，後者を再帰呼び出しにより解き，その解と `from` を足し合わせることで元の問題の解を構成している．

木のなぞりを再帰呼び出しにより実現してみよう．木をなぞる問題を，その根頂点をなぞる問題と，左の子頂点を根とする部分木（左部分木）をなぞる問題，右の子頂点を根とする部分木（右部分木）をなぞる問題に分割する．前順のなぞりでは親頂点を訪問した後に子頂点を訪問する．よって根頂点を訪問後，左部分木を前順でなぞり，次に右部分木を前順でなぞれば木の各頂点を前順でなぞったことになる．リスト 2.7 のメンバ関数 `rtraversePreOrder` は再帰呼び出しにより頂点を前順でなぞる実装例である（30–34 行目）．まず頂点が保持するデータを表示した後，その左子頂点が存在すれば，その左子頂点に対して `rtraversePreOrder` を再帰的に呼び出す．次に右子頂点が存在すれば，その右子頂点に対して `rtraversePreOrder` を再帰的に呼び出す．スタックを利用した非再帰版の `traversePreOrder` と比較して，再帰呼び出しを利用することで木のなぞりを簡潔に実現できていることがわかる．間順，後順のなぞりについても同様に再帰呼び出しを利用して実現できる（メンバ関数 `rtraverseInOrder` および `rtraversePostOrder` を参照）．

40　　2. データ構造の基礎

```
本章のまとめ
```

　本章では基本的なデータ構造として，配列，連結リスト，スタック，キュー，木構造
を紹介した．いずれも複数のデータをまとめて管理するためのデータ構造であり，用
途に応じて使い分ける必要がある．
❶　固定長配列や可変長配列はランダムアクセスに強いデータ構造であり，連結リス
　　トはシーケンシャルアクセスに適したデータ構造である．
❷　スタックは後入れ先出し，キューは先入れ先出しのデータ構造である．
❸　木構造は階層構造をもつデータの集まり（ディレクトリ構造や構文木など）を表
　　現することに適したデータ構造である．

●理解度の確認●

問 2.1　リスト 2.3 のクラス List に，以下のメンバ関数を追加せよ．
　　（1）　リストの n 番目の要素を取得するメンバ関数 getAt(int n)
　　（2）　リストの n 番目に要素 e を追加するメンバ関数 addAt(int n, T e)
　　（3）　リストの n 番目の要素を削除するメンバ関数 removeAt(int n)
　　（4）　リストの末尾要素を削除するメンバ関数 removeLast()
　　（5）　リストの長さを返すメンバ関数 size()
問 2.2　上記のクラスを末尾要素へのポインタ付き片方向リストに拡張せよ．
問 2.3　上記のクラスを末尾要素へのポインタ付き双方向リストに拡張せよ．
問 2.4　図 2.10 で示したリングバッファを用いたキューの実装方法を検討せよ．もしキュー
　　　　の要素数が満杯になった場合は，キューへの要素の追加は認めなくてよい．
問 2.5　任意個の要素を格納可能なキューを実現するため，可変長配列を利用したキューの
　　　　実装方法を検討せよ．
問 2.6　リスト 2.7 のクラス BinNode に，以下のメンバ関数を追加せよ．再帰呼び出しを
　　　　利用せずに実現すること．
　　（1）　BinNode を根とした部分木の頂点数を取得するメンバ関数 getNumNodes()
　　（2）　BinNode を根とした部分木の深さを取得するメンバ関数 getDepth()
問 2.7　上記のメンバ関数を再帰呼び出しにより実現せよ．

3

基本的な探索整列の手法

　探索（search）とは，与えられたデータの集まりから特定のデータを探し出す処理であり，整列（sort）とは，データの集まりを特定の順序に並べる処理である．これらは実社会において頻繁に必要とされる操作である．例えば，ある名前の学生を探したり，商品データをその売上げ順に並べ替えたりする処理である．探索や整列のためのアルゴリズムはいくつも提案されており，それぞれ異なる特徴をもっている．これらの違いを把握することは，要求に応じて適切なアルゴリズムを選択し利用するために重要である．

3.1 アルゴリズムと計算量

アルゴリズム (algorithm) とは，与えられた問題を解くための手順のことである．本章では探索および整列のためのいくつかのアルゴリズムを紹介する．一般にある問題を解くためのアルゴリズムは一つとはかぎらず複数ありうる．では，ある問題に対する複数のアルゴリズムが与えられた場合に，どのアルゴリズムを選択すればよいのであろうか？ 本節ではまずアルゴリズムの評価尺度を紹介する．

〔1〕 アルゴリズム　　アルゴリズムとは，与えられた問題を解くための手順のことであり，プログラムとはアルゴリズムを計算機上で自動的に実行するための命令列である．プログラムはアルゴリズムの実装例であるが，アルゴリズムはプログラムとして実装しなくても実行可能である．

例えば図書館でプログラミング関連の書籍を探すことを考えよう．このときのアルゴリズムとしては，愚直に希望の書籍が見つかるまで 1 冊ずつ調べていく，という方法があるだろう．この場合，図書館の蔵書数を n とすれば n に比例した時間が必要となることが予想できる．より現実的には，図書の分類表などを参照して該当の書籍を含む書棚を絞り込み，その書棚の本を 1 冊ずつ調べていくであろう．この場合，分類表の項目数を m，書棚の書籍数を n' とすれば，$m + n'$ に比例した時間で済むと予想できる（m は分類表の項目を調べる手間を表す）．もし m が n' に比べて十分小さいならば，n' に比例した時間になると見なせる．これら二つのアルゴリズムをその実行時間で評価すれば，後者のほうが効率的といえる．

アルゴリズムの記述方法には，前述の図書館の例のように自然言語で記述する場合もあるが，解釈の曖昧さを避けるために一般には疑似的なプログラミング言語を用いて記述することが多い．例えば，数列 $\langle x_1, x_2, \ldots, x_n \rangle$ から最大の要素を探す問題に対するアルゴリズムを疑似言語で記述した例を Alg. 3.1[†] に示す．このアルゴリズムでは，まず x_1 を仮の最大値 max として保持しておき（1 行目の $max \leftarrow x_1$ は変数 max に x_1 を代入することを意味する），x_2 以降の要素が max を超えた場合に max の値を更新することで最大値を求めている（2–6 行目）．このアルゴリズムは，明らかに数列の長さ n に比例した実行時間がかかると予想できる．疑似言語の文法には厳密なルールはなく，しばしば数式や簡単な自然言語による記述を含む場合がある．本章では比較的単純なアルゴリズムを扱うため，直接 C++ 言語によ

---

† Algorithm 番号を参照する場合は，以降，Alg. ○.○のように表記する．

Algorithm 3.1 最大値を求める

入力 数列 $\langle x_1, x_2, \ldots, x_n \rangle$
出力 数列中の最大値

```
1:  max ← x₁                              ▷ 実行回数 1 回
2:  for each y ∈ ⟨x₂,...,xₙ⟩ do           ▷ 実行回数 n − 1 回
3:      if max < y then                   ▷ 実行回数 n − 1 回
4:          max ← y                       ▷ 最大実行回数 n − 1 回
5:      end if
6:  end for
7:  return max                            ▷ 実行回数 1 回
```

りアルゴリズムを記述するが，4 章以降ではここで示した疑似プログラミング言語を用いてアルゴリズムを記述する．

〔**2**〕**計 算 量**　アルゴリズムの評価尺度として，その実行時間やメモリ使用量を利用することを考えよう．アルゴリズムをある計算機上で動作するプログラムとして実装し，適当な入力データとともにプログラムを実行すれば，その実行時間とメモリ使用量を正確に計測することは可能である．しかし，実行時間やメモリ使用量はプログラミング言語やコンパイラ，計算環境（CPU の性能など），入力データの大きさによって変化するため，特定の状況での計測値が一般的な指標として役に立つとはかぎらない．その一方で，前述の最大値を求めるアルゴリズム Alg. 3.1 の実行時間が数列の長さ n に比例することは，どのような計算環境であっても成り立つと考えられる．一般にアルゴリズムの実行時間やメモリ使用量は入力データのサイズに依存する．そこで，あるアルゴリズムが与えられたときに，その実行時間とメモリ使用量の正確な値を見積もるのではなく，入力データのサイズをパラメータとした何らかの関数に比例することを示すことを考えよう．

　与えられたアルゴリズムに対し，そのアルゴリズムの実行に必要な命令文の実行回数の総数を求めてみよう．各命令文の実行時間が同程度であると仮定すれば，アルゴリズムの実行時間は命令文の実行回数に比例すると予想できる．例えば Alg. 3.1 における各文の（最大）実行回数は，その右端に示されている．このとき最大実行回数の総計は $3n - 1$ となるため，このアルゴリズムの実行時間は $3n - 1$ に比例した時間がかかると予想できる．これをアルゴリズムの**時間計算量**（time complexity）と呼ぶ．同様にしてアルゴリズムの実行に必要なメモリ量を考えてみよう．各変数のサイズが同程度であると仮定すれば，アルゴリズムが使用するメモリ量は変数の数に比例すると予想できる．Alg. 3.1 では，数列を格納するための n 個の変数と，最大値を保存する変数 max，数列の要素を参照するための変数 y が必要である．よって合計 $n + 2$ 個の変数が必要である．これをアルゴリズムの**領域計算量**（space complexity）という．時間計算量と領域計算量の両者をまとめて**計算量**（complexity）というが，単に計算量といった場合は時間計算量を指すことが多く，本書もそれに従う．

アルゴリズムの計算量は，同じサイズの入力データであっても，そのデータがもつ性質によって異なることがある．例えば，前節の図書館の例では，運がよければ最初に手にとった書籍が希望するものかもしれないし，逆にすべての蔵書を調べても見つからないかもしれない．そこで以下の2種類の計算量を議論の対象にすることが多い．

- **最大計算量**（worst case complexity）：アルゴリズムが最も苦手とする（最も時間を要する）入力データが与えられたときの計算量
- **平均計算量**（average case complexity）：ランダムな入力データにおける計算量の期待値

前者の最大計算量の導出は比較的容易であるが，後者の平均計算量の導出は数学的に困難な場合が多い．よって以下では，特に断らないかぎり，計算量といえば最大（時間）計算量を指すものとする．

実際のプログラムにおいては命令文の実行時間はその内容によって異なり，変数のサイズも型によって異なるため，これらを同程度であると仮定することは乱暴に感じるかもしれない．しかし次節で示すように，計算量を用いたアルゴリズムの評価では，入力データのサイズに対する計算量の大まかな増加傾向を議論の対象とするため，命令文の実行時間の違いや変数のサイズの違いは，それが極端に大きくないかぎり気にする必要はない．

〔**3**〕 **計算量の漸近的評価**　あるアルゴリズムの計算量が関数 $f(n) = 3n^2 + 20n + 8\,000$ で与えられたとしよう．ここで n は入力データのサイズである．n が十分に大きくなると，$f(n)$ においては n^2 の項が支配的になる．図 **3.1** を見てほしい．n が 100 以上になると，$f(n)$ は $3n^2$ 以上 $4n^2$ 以下になることがわかる．つまり n が十分に大きいとき，このアルゴリズムは n^2 に比例した時間がかかるといえる．$f(n)$ における定数係数や定数項はアルゴ

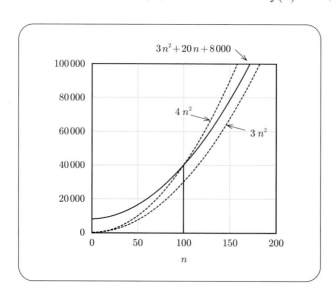

図 **3.1**　計算量の漸近的上界と漸近的下界

リズムの実装方法や計算環境によって一般に異なってくる．それらの細部を無視し，$f(n)$ の大まかな挙動を簡潔な関数（この例では n^2）で表すことは，$f(n)$ がもつ本質的な性質を明らかにし，計算環境の違いによる差異を無視することが可能になるという点で非常に有用である．これを計算量の**漸近的評価**（asymptotic analysis）という．

計算量の漸近的評価のための形式的定義を示そう．アルゴリズムの計算量を $f(n)$ とし，n_0, k_1, k_2 を定数，$g(n)$ を $f(n)$ より簡潔な関数とする．このとき n_0 以上の n に対し

$$f(n) \leqq k_2 g(n)$$

が成立するならば，$g(n)$ を $f(n)$ の**漸近的上界**（asymptotic upper bound）と呼び，これを $O(g(n))$ と表記する（オーダー $g(n)$ と読み，この記法を **O 記法**という）．これは $f(n)$ の上界が定数倍の $g(n)$ により抑えられることを意味する．下界についても同様に，n_0 以上の n に対し

$$k_1 g(n) \leqq f(n)$$

が成立するならば，$g(n)$ を**漸近的下界**（asymptotic lower bound）と呼び，これを $\Omega(g(n))$ と表記する（オメガ $g(n)$ と読み，この記法を **Ω 記法**という）．漸近的下界と漸近的上界が一致する場合，すなわち n_0 以上の n に対し

$$k_1 g(n) \leqq f(n) \leqq k_2 g(n)$$

が成立するならば，これを $\Theta(g(n))$ と表記する（シータ $g(n)$ と読み，**Θ 記法**という）．直観的に，漸近的上界は計算量がどの程度に抑えられるのかを示し，漸近的下界は計算量が少なくともどの程度必要とされるのかを示している．アルゴリズムの計算量を議論する場合は，実用上その漸近的上界に着目する場合が多い．

アルゴリズムの計算量の漸近的上界と漸近的下界を示すためによく利用される関数を以下に示す．右に行くほど大きな計算量が必要となる．

$$1, \quad \log n, \quad n, \quad n \log n, \quad n^2, \quad n^3, \quad 2^n, \quad n!$$

最初の関数 1 は入力データのサイズ n に依存しないことを意味する．例えば，配列の任意要素へのアクセスは，配列サイズにかかわらず一定時間で実現できるため，その時間計算量は $O(1)$ となる．これを**定数時間**（constant time）アルゴリズムという．連結リストにおける任意要素へのアクセスは，先頭要素から芋づる式に各要素をたどっていく必要があるため，リストの長さ n に応じた時間が必要となる．よって時間計算量は $O(n)$ であり，これを**線形時間**（linear time）アルゴリズムと呼ぶ．同様に，$O(\log n)$ を**対数時間**（logarithmic time），

$O(n^c)$ を**多項式時間**（polynomial time），$O(c^n)$ を**指数時間**（exponential time）アルゴリズムという．ここで c は定数である．**表 3.1** は，アルゴリズムの時間計算量が上記の関数で与えられた場合に必要となる計算時間の例である†．ここでは，1 秒間に 10^{15} 個の命令文を実行可能な計算機を仮定している．漸近的時間計算量がこれらの関数で表されている場合，表中の値に比例した時間がかかることを意味する．n が大きくなるにつれ計算時間の違いは大きくなり，特に 2^n や $n!$ のアルゴリズムは現実的な時間では実行が完了しないことがわかる．

表 3.1　アルゴリズムの時間計算量と実行時間

計算量 n	1	$\log n$	n	$n \log n$	n^2	2^n	$n!$
10	10^{-15}	3.3×10^{-15}	10^{-14}	3.3×10^{-14}	1.0×10^{-13}	1.0×10^{-12}	3.6×10^{-9}
25	10^{-15}	4.6×10^{-15}	2.5×10^{-14}	1.2×10^{-13}	6.3×10^{-13}	3.4×10^{-8}	492 年
50	10^{-15}	5.6×10^{-15}	5.0×10^{-14}	2.8×10^{-13}	2.5×10^{-12}	1.1 秒	9.6×10^{41} 年
75	10^{-15}	6.2×10^{-15}	7.5×10^{-14}	4.7×10^{-13}	5.6×10^{-12}	1.2 年	
100	10^{-15}	6.6×10^{-15}	10^{-13}	6.6×10^{-13}	1.0×10^{-11}	4 020 万年	
1 万	10^{-15}	1.3×10^{-14}	10^{-11}	1.3×10^{-10}	1.0×10^{-7}		
100 万	10^{-15}	2.0×10^{-14}	10^{-9}	2.0×10^{-8}	0.001 秒		
1 億	10^{-15}	2.7×10^{-14}	10^{-7}	2.7×10^{-6}	10 秒		
100 億	10^{-15}	3.3×10^{-14}	10^{-5}	0.000 3 秒	27.8 時間		
1 兆	10^{-15}	4.0×10^{-14}	0.001 秒	0.04 秒	31.7 年		
100 兆	10^{-15}	4.7×10^{-14}	0.1 秒	4.7 秒	31.7 万年		

3.2　素 朴 な 探 索

　与えられたデータの集合から特定のデータを探し出すことを**探索**（search）という．例えば書籍のデータ集合から在庫の少ない書籍を探す場合などであり，プログラムでは頻繁に実行される処理の一つである．

　一般に探索したいデータは複数の**項目**（field）をもっている．書籍の例でいえば，一つの書籍データは書名や著者名，価格，在庫数などの項目から構成される．探索においては，データをしばしば**レコード**（record）と呼ぶ．レコードの項目のうち，探索しようとする項目を**キー**（key）と呼ぶ．C++ においてオブジェクトの集合から特定のオブジェクトを探す場合を考えると，オブジェクトがレコードであり，オブジェクトのメンバ変数が項目に相当する．

　データの集合が配列や連結リストで与えられたとき，探索したいデータを先頭から順次調

---

† 本書では特に注記しないかぎり，$\log n$ と書いて $\log_2 n$ を表すものと約束する．

3.2 素 朴 な 探 索　　**47**

べていく方法を**線形探索**（linear search）または**逐次探索**（sequential search）という．最
も素朴で単純な探索法であるが，データが少ない場合や未整列の場合などに利用できる．

　リスト 3.1 は線形探索の実装例である．ここでは書籍データの配列に対し，そのタイトル
をキーとして，指定されたタイトルをもつ書籍データを線形探索により探し出している．ク
ラス Book が書籍データを表し，関数 linear_search が書籍データの配列に対して線形探
索を行う関数である．指定のタイトルをもつ書籍が見つかった場合は配列上の添字を返し，
見つからない場合は -1 を返している．

　次に線形探索の計算量を考えてみよう．与えられたデータ集合の要素数を n とする．線形
探索において計算量が最大となるのは探している要素が見つからなかった場合である．この
とき n 個の要素についてそれが一致するキーをもつか一つずつ調べるため，計算量は $O(n)$
となる．ただしこれは二つのキーが等しいかどうかを一定時間で判定可能であると仮定した
場合の計算量である．リスト 3.1 の例ではキーは文字列であり，17 行目において二つの文字
列が等しいか判定している．各文字列の長さが m 以下であるとすると，二つの文字列が等

```
 1  class Book {
 2  private:
 3    string author, title;
 4    int    price;
 5  public:
 6    Book(string a, string t, int p) { author = a; title = t; price = p; }
 7    string getAuthor() { return author; }
 8    string getTitle()  { return title;  }
 9    int    getPrice()  { return price;  }
10    friend ostream& operator << (ostream& stream , const Book& b) {
11      return stream << "(" << b.author << "," << b.title << "," << b.price << "yen)";
12    }
13  };
14
15  int linear_search(vector<Book>& books, string title) {
16    for (unsigned int i = 0; i < books.size(); i++)
17      if (books[i].getTitle() == title) return i;
18    return -1;
19  }
20
21  void init_books(vector<Book>& v) {
22    v.push_back(Book("Alice","C++", 1000)); v.push_back(Book("Bob",  "C++", 1500));
23    v.push_back(Book("Carol","C",   1250)); v.push_back(Book("Dave", "Java",1000));
24    v.push_back(Book("Eve",  "C++", 2000)); v.push_back(Book("Frank","Ruby",1500));
25    v.push_back(Book("Grant","C#",  1000));
26  }
27
28  int main(void) {
29    vector<Book> books;
30    init_books(books);
31    int idx = linear_search(books, "C++");
32    if (idx >= 0) cout << books[idx]  << endl;
33    else          cout << "NOT FOUND" << endl;
34    return 0;
35  }
```

リスト **3.1**　線形探索の例

48 3. 基本的な探索整列の手法

しいか判定するためには，先頭から文字同士を順次比較していくため，最大で $O(m)$ の計算量が必要となる．よってリスト 3.1 の計算量は $O(n) \times O(m) = O(nm)$ となる．ただしこの例ではキーは書名であり，その長さはたかが知れているため，十分大きな n に対しては書名同士の一致判定は一定時間で済むと考えることができる．

☕ 談 話 室 ☕

任意のキーによる探索　先に示した線形探索を行う関数 `linear_search` は，書籍のタイトルをキーとして探索を行っていた．実際には，キーとして任意のメンバ変数を指定したい場合があるであろう．そのような場合は，メンバ変数を選択するクラスを用意し，関数テンプレートを利用すると，汎用的な探索関数を定義することができる．その例を以下に示す．ここでは書籍オブジェクトのタイトル名と著者名をそれぞれ取得するクラス `TitleSelector`, `AuthorSelector` を定義してある．これらはキーを選択するだけのクラスである．関数 `linear_search` は，キーを選択するクラスを任意に指定できるようにテンプレート化してある．

```cpp
class Book {
private:
  string author, title;  int price;
public:
  Book(string a, string t, int p) { author = a; title = t; price = p; }
  friend ostream& operator << (ostream& s , const Book& b) {
    return s << "(" << b.author << "," << b.title << "," << b.price << "yen)";
  }
  class TitleSelector  { public:  string get(Book& b) { return b.title;  } };
  class AuthorSelector { public:  string get(Book& b) { return b.author; } };
};
template <class KeySelector>
int linear_search(vector<Book>& books, KeySelector keySelector, string s) {
  for (unsigned int i = 0; i < books.size(); i++)
    if (keySelector.get(books[i]) ==  s) return i;
  return -1;
}
int main(void) {
  vector<Book> books;
  init_books(books);
  int idx = linear_search(books, Book::TitleSelector(), "C++");
  if (idx >= 0) cout << books[idx]  << endl;
  else          cout << "NOT FOUND" << endl;
  idx = linear_search(books, Book::AuthorSelector(), "Frank");
  if (idx >= 0) cout << books[idx]  << endl;
  else          cout << "NOT FOUND" << endl;
  return 0;
}
```

3.3 再帰的探索

探索したいデータの集まりが，昇順または降順に整列済みであった場合を考えよう．例えば本書の各章は章番号の昇順に並んでいる．もし7章の文字列照合が探したい場合に，適当に開いたページが5章ならば，それ以降のページを探すであろう．すなわちデータの集まりが整列済みの場合，ある場所 p のデータ x と探したい要素 y を比較したとき，x より y が大きいならば p 以降を，小さいならば p 以前を調べればよい．この考え方に基づく探索手法が**二分探索**（binary search）である．

二分探索を利用するためにはデータの集まりをある順序に従って整列する必要がある．もし探索したいデータが整数や実数などの数値であれば，その大小関係は自明であり，その昇順もしくは降順に並び替えればよい．整列のためのアルゴリズムは次節以降で紹介する．もし探索したいデータが数値ではなく，著者名や学籍番号などの場合はそれらの大小関係を定義する必要がある．例えば文字列については一般に**辞書式順序**（lexicographical order）が用いられる．例えば，二つの単語 algorithm と alphabet について，algorithm のほうが辞書では先に出現することから，algorithm は alphabet よりも小さい（algorithm < alphabet）とする順序である．

二分探索は，整列済みの配列に対して，まず中央の要素を調べ，もし探索したいデータと一致しないならば，その前半分もしくは後ろ半分を探索範囲として再帰的に繰り返す手法である．そのアルゴリズムを示そう．いま，整列済みの配列 a から指定のキー k をもつデータを探し出すものとする．配列はキーの昇順に整列済みであるとし，配列の i 番目の要素 $a[i]$ がもつキーの値を $a[i].key$ と表記する．アルゴリズムはキー k をもつ要素が存在した場合はその要素の配列上の添字を返し，存在しない場合は -1 を返すものとする．

1) 配列の探索範囲（最初は配列全体）の中央にある要素を $a[i]$ とする．

2) $a[i].key$ と k を比較する．

- $a[i].key = k$ ならば，$a[i]$ が探している要素であるので，添字 i を返す．
- $a[i].key < k$ ならば，i より後ろを探索範囲として，ステップ1) に戻る．
- $a[i].key > k$ ならば，i より前を探索範囲として，ステップ1) に戻る．

ここでもし探索範囲が空になるならば，キー k をもつ要素は存在しないため，-1 を返す．

二分探索の動作例を図 3.2 に示す．ここではリスト 3.1 で示した書籍配列 books から，著者名が Grant または Charlie である書籍を探している（それぞれ図 (a) および図 (b) に対応）．この書籍配列 books は著者名の辞書式順序で整列済みであるため，二分探索が適用できる．配列の探索範囲は，下限と上限の添字を表す変数 low, high により表現する．最初は配列全体が探索範囲であり，low=0, high=6 である（図 3.2 の (a1) および (b1)）．配列の中央位置 mid は $\lfloor(\text{low}+\text{high})/2\rfloor$ として求めている†．まず Grant を探す場合を考えよう．

(a1) 中央要素は Dave であり，これは Grant よりも小さい．よって次の探索範囲は Dave より後ろとなる．探索範囲の下限 low を mid+1 に更新する．

(a2) 中央要素は Frank であり，これも Grant より小さい．よって次の探索範囲は Frank より後ろとなる．探索範囲の下限 low を mid+1 に更新する．

(a3) 中央要素は Grant であり，探している書籍データを発見したため，その添字である mid=6 を返す．

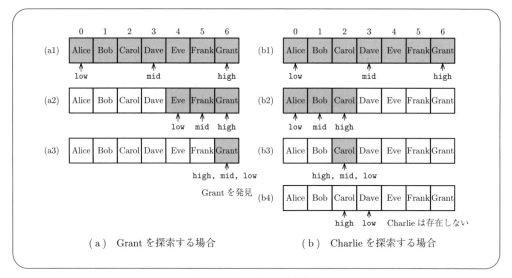

図 3.2 二分探索の探索過程

この書籍配列では，著者が配列に存在するならば最大 3 回の検査により発見可能である．線形探索の場合は最悪 7 回の検査が必要になるため二分探索のほうが効率がよいことがわかる．同様にして Charlie を探す場合を考えよう．図 3.2 の (b1) から (b3) までは Grant の場合と同様であるので，(b3) 以降を説明しよう．

(b3) 中央要素は Carol であり，これは Charlie より小さい．よって次の探索範囲は Carol

---

† $\lfloor x \rfloor$ は床関数（floor function）と呼ばれ，実数 x 以下の最大の整数を返す関数である．逆に x 以上の最小の整数を返す関数として天井関数（ceiling function）があり，$\lceil x \rceil$ と表記する．

より後ろとなる．探索範囲の下限 low を mid+1 に更新する．

(b4)　下限が上限を超えるため，探索範囲が空になったことがわかる．よって書籍データ
　　　は存在しないことになり，−1 を返す．

　二分探索の実装例をリスト 3.2 に示す．1 行目の関数 binary_search が，書籍配列 books
の指定範囲 low～high から，著者が author である書籍を二分探索により探す関数である．
この例では再帰呼び出しにより二分探索を実装している．再帰の終了条件は，探していた要
素が見つかった場合（4, 5 行目）と，探索範囲が空になった場合（2 行目）である．12 行目
の関数 binary_search は探索範囲を省略した場合に，配列全体を初期範囲とするための補
助的な関数である．

```
 1  int binary_search(vector<Book>& books, string author, int low, int high) {
 2    if (low > high) return -1;
 3    int mid = (low + high) / 2;
 4    if (books[mid].getAuthor() == author)
 5      return mid;
 6    if (books[mid].getAuthor() <  author)
 7      return binary_search(books, author, mid + 1, high   );
 8    else
 9      return binary_search(books, author, low    , mid - 1);
10  }
11
12  int binary_search(vector<Book>& books, string author) {
13    return binary_search(books, author, 0, books.size() - 1);
14  }
15
16  int main(void) {
17    vector<Book> books;
18    init_books(books);
19    int idx = binary_search(books, "Grant");
20    if (idx >= 0) cout << books[idx]  << endl;
21    else          cout << "NOT FOUND" << endl;
22    idx = binary_search(books, "Charlie");
23    if (idx >= 0) cout << books[idx]  << endl;
24    else          cout << "NOT FOUND" << endl;
25    return 0;
26  }
```

リスト 3.2　二分探索の実装例

　二分探索では，配列の大きさを n とすると，その探索範囲は $n, n/2, n/4, \cdots, 1$ のように
半減していく．この分割を多くとも $\lceil \log n \rceil$ 回繰り返せば探索範囲は 1 となり，探している
要素が存在するか判定できる．各探索範囲において，その中央要素と探している要素との比
較を行うが（4, 6 行目），そのコストが定数時間で済むと考えれば計算量は $O(\log n)$ となる．
　二分探索はランダムアクセスが可能な配列を前提とした探索手法である．これは探索範囲
の中央にある要素を調べるからである．もし配列ではなく連結リストを対象とした場合，探
索範囲の中央にある要素を取得するためには先頭からその要素までたどる必要がある．これ
は線形探索をしていることに等しいため，ランダムアクセスができない連結リストは二分探

52   3. 基本的な探索整列の手法

索に適していない．また，二分探索では配列が整列済みであることを前提としている．もし未整列の場合は，線形探索を利用するか，次節以降で示す整列アルゴリズムにより整列させてから二分探索を適用することになる．ただし整列には線形探索よりも大きな計算コストが必要となるため，探索回数が少ないのであれば線形探索を，何度も探索するのであれば整列してから二分探索を利用するなどの使い分けが必要である．

3.4 素 朴 な 整 列

整列（sort，ソート）は，与えられたデータの集まりを特定の順序に従って並べ替える処理である．例えば，ファイルを探すために日付順に整列したり，名前順に整列したことがあるであろう．検索エンジンの検索結果も，検索質問に対する適合度順に整列して出力されている．整列はさまざまな応用をもつ重要かつ基本的な処理の一つである．

整列のためのアルゴリズムはこれまでに多くの手法が提案されている．ここでは素朴な整列アルゴリズムとして，選択ソートと挿入ソートのアルゴリズムを紹介する．これらの整列アルゴリズムの計算量は $O(n^2)$ であり，多数のデータを整列することには適さないが，3.5節以降で紹介する高速な整列アルゴリズムとの違いを知ることで，アルゴリズムやその計算量の重要性を学ぶことができるであろう．以下では簡単のために整数の配列を昇順に整列することを考えるが，これを前節で示した書籍配列のような複数の項目からなるデータに拡張することは容易である．これは読者への課題とする．

3.4.1 選 択 ソ ー ト

選択ソート（selection sort）は，与えられた配列内から最小要素を選択してそれを取り除き，次に残りの要素群から最小要素を選択してそれを取り除く，という動作を繰り返して，要素を選択した順に並べることで動作する整列アルゴリズムである．最小要素を繰り返し「選択」するため選択ソートと呼ばれる．

図 3.3 に選択ソートの動作過程を示す．図中の枠線は未整列の範囲を表しており，最初は数列全体が未整列である．選択ソートでは，この未整列の範囲から最小要素を探し出し（この例では 6），それをこの範囲の先頭要素（35）と交換する．その後，未整列の範囲を一つ縮めて同様の操作を繰り返す．これを未整列の範囲がなくなるまで繰り返せば，整列が完了する．

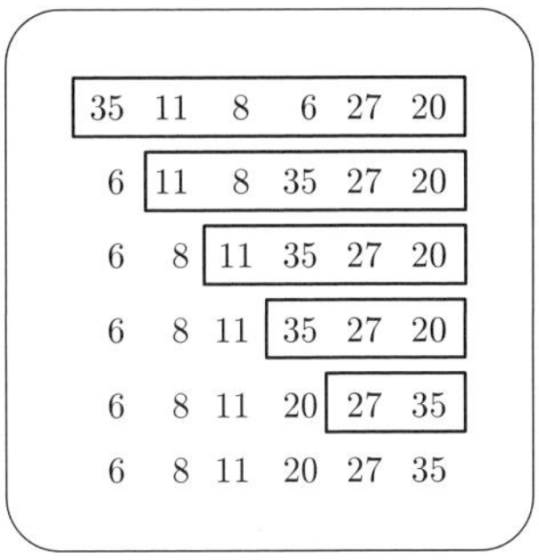

3.4 素 朴 な 整 列　　**53**

```
35  11   8   6  27  20
 6  11   8  35  27  20
 6   8  11  35  27  20
 6   8  11  35  27  20
 6   8  11  20  27  35
 6   8  11  20  27  35
```

図 3.3　選択ソートの動作過程

```
 1 │ void selection_sort(vector<int>& a) {
 2 │   int last_idx = a.size() - 1;   // 末尾要素の添字
 3 │   for (int i = 0; i < last_idx; i++) {
 4 │     int min_idx = i;      // 最小要素の添字
 5 │     for (int j = i + 1; j <= last_idx; j++)
 6 │       if (a[j] < a[min_idx])
 7 │         min_idx = j;
 8 │     swap_r(a[i], a[min_idx]);
 9 │   }
10 │ }
```

リスト 3.3　選択ソートの実装例

選択ソートの実装例をリスト 3.3 に示す．外側の **for** 文の変数 **i** は，未整列の範囲の先頭要素を表す．これは図 3.3 における枠線の左端の要素に対応しており，ループのたびに 1 ずつ加算されていく．4–7 行目は未整列範囲から最小要素（の添字）を求める処理である．変数 **min_idx** が最小要素の添字を表す．その後，探し出した最小要素と未整列範囲の先頭要素を入れ替える（8 行目）．ここで **swap_r** 関数は，リスト 1.2 に示した二つの変数の値を入れ替える関数である．この操作を未整列範囲がなくなるまで繰り返している．

選択ソートはアルゴリズムがわかりやすく実装も容易であるが，それ以外の利点は特にない．選択ソートの計算量を考えよう．サイズが n の未整列の配列から最小要素を探し出すには n に比例した時間が必要である．この未整列範囲のサイズは $n, n-1, \ldots, 2, 1$ と徐々に小さくなっていくため，選択ソートはその総和 $n + (n-1) + \cdots + 1 = n(n-1)/2$ に比例した時間を必要とする．すなわち計算量は $O(n^2)$ となる．これは与えられた数列が未整列でも整列済みであっても常に同じである．

3.4.2　挿 入 ソ ー ト

挿入ソート（insertion sort）は，与えられた未整列の数列の各要素を，整列済みの数列（最初は空）の正しい位置に挿入していくことで動作する整列アルゴリズムである．例えばテストの答案を学籍番号順に整列するとき，各答案を，整列済みの答案の山（最初は空）の正しい位置に挿入していくことと同じである．

図 **3.4** に挿入ソートの動作過程を示す．図中の下線部は整列済みの範囲を表しており，丸で囲まれた整数を下線部の正しい位置に挿入することで動作する．例えば最初は 35 のみが整列済みであり，これに 11 を挿入する（1 行目）．その結果，整列済みの数列は 11 35 となる（2 行目）．次に 8 を数列 11 35 の正しい位置に挿入すると，8 11 35 を得る（3 行目）．

挿入ソートにより配列を整列する場合，整列済みの配列に対し，要素を挿入する操作が必

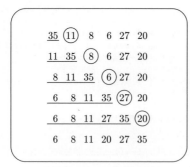

図 3.4 挿入ソートの動作過程

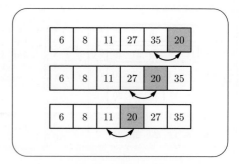

図 3.5 整列済み配列への要素の挿入

要となる．配列への挿入操作を実現するには，挿入したい位置より後ろの要素を一つずつずらす必要がある．図 3.5 は，数列 6 8 11 27 35 に 20 を挿入する例である．図中の白色の要素群は整列済みであり，灰色の要素が挿入したい要素である．まず 35 と 20 を比較し，20 のほうが小さいのでこれらを交換する．同様に 27 と 20 を比較し，20 のほうが小さいので交換する．次に 11 と 20 を比較し，20 のほうが大きいので，挿入完了となる．

挿入ソートの実装例をリスト 3.4 に示す．外側の for 文の変数 i は，挿入したい要素の添字を表し，0 番目から i-1 番目までの要素群が整列済みである．4–8 行目が挿入操作の処理である．変数 v は挿入したい値，j は挿入位置を示しており，内側の for 文により正しい挿入位置を求め，8 行目で挿入している．図 3.5 では，挿入したい要素とそれより大きな要素を次々と交換していく方法を示したが，リスト 3.4 では挿入したい要素より大きな要素を一つずつ後ろにずらしてから (6, 7 行目)，最後に空いた位置に挿入している (8 行目)．これにより次々と交換する方法よりも配列への代入回数を減らすことが可能である．

```
void insertion_sort(vector<int>& a) {
  int last_idx = a.size() - 1;    // 末尾要素の添字
  for (int i = 1; i <= last_idx; i++) {
    int v = a[i];
    int j = i;
    for (; j >= 1 && a[j-1] > v; j--)
      a[j] = a[j-1];
    a[j] = v;
  }
}
```

リスト 3.4 挿入ソートの実装例

挿入ソートの計算量を考えてみよう．挿入ソートの基本は，整列済みの配列に要素を挿入する操作である．この操作の計算量は，配列サイズを n とすると，最悪の場合（最小要素を配列に挿入する場合）n に比例した時間が必要である．挿入操作を繰り返すことにより，整列済みの配列サイズは $1, 2, \ldots, n$ と徐々に大きくなっていく．よって挿入ソートは，その総和 $n(n-1)/2$ に比例した時間を必要とする．すなわち計算量は $O(n^2)$ となる．

もし数列が昇順に整列済みである場合は，内側の for 文の条件 a[j-1] > v が成立することはないため（6 行目），実行時間は外側の for 文の実行回数，すなわち n に比例する．つまり，数列が整列済みならば挿入ソートの計算量は $O(n)$ で済む．選択ソートは数列が整列済みであったとしても常に $O(n^2)$ の計算量を必要とするが，挿入ソートならば $O(n)$ で済む．これは挿入ソートの利点の一つである．この利点はほとんど整列済み，または整列対象のデータが徐々に増えていくような状況においても有効である．例えば，整列済みの商品データ配列に新しく仕入れた商品データを追加するような場合を考えよう．挿入ソートでは，整列済みのサイズ n の配列に要素を追加する処理は $O(n)$ で実現できる．一方，選択ソートでは配列に要素を追加した後，配列全体を整列し直す必要があるため $O(n^2)$ の計算量がかかる．このように，データが徐々に増えていくような状況でもすでに整列済みのデータを用いて処理を再開できるようなアルゴリズムを，**オンラインアルゴリズム**（online algorithm）という[†]．

図 3.6 は，数列 ⟨4 5 2 5 3⟩ を選択ソート（図(a)）と挿入ソート（図(b)）で整列する過程を示している．この数列に 5 は 2 回出現するが，図では左側の 5 を 5^L，右側を 5^R と表記している．整列前，5^L は 5^R よりも前に位置するが，選択ソートによる整列後はこの並びが逆転する．一方，挿入ソートでは整列前の順序を保っている．等しい要素同士の出現順序を保ったまま整列するアルゴリズムのことを**安定**（stable）**な整列アルゴリズム**という．挿入ソートは安定な整列アルゴリズムであるが，選択ソートは不安定である．例えば学籍番号順に並んだ成績データをある科目の点数で整列する場合，安定な整列アルゴリズムであれば，同じ点数の学生は学籍番号順に並ぶことを保証できる．

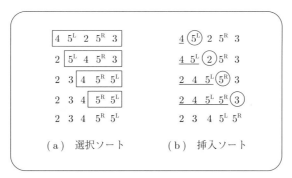

図 3.6 整列アルゴリズムの安定性

挿入ソートには，ほとんど整列済みの数列に対して高速に整列を完了するという利点と，オンラインかつ安定な整列アルゴリズムであるという利点がある．また，数列の長さが短い場

[†] オンラインアルゴリズムという用語にはいくつかの使い方があるが，もともとは 8.4 節のデータを一度しか走査しないタイプのアルゴリズムのことを指している．

合には，次節で紹介する再帰的整列アルゴリズムよりも高速に動作する場合があるため，よく用いられる整列アルゴリズムの一つである．

3.5 再帰的整列

本節では，高速な整列アルゴリズムとしてマージソートとクイックソートを紹介する．いずれも与えられた数列を二つの部分列に分割し，各部分列に対し再帰的に整列アルゴリズムを適用することで，最終的に全体を整列するアルゴリズムである．前節で紹介した整列アルゴリズムの計算量はいずれも $O(n^2)$ であったのに対し，本節で紹介するマージソートは $O(n\log n)$，クイックソートは平均時間計算量が $O(n\log n)$ であり，大規模なデータ列の整列においては桁違いに高速である．

3.5.1 マージソート

二つの整列済みの数列が与えられたとき，それらを合成して一つの整列された数列にすることを考えよう．例えば，整列済みの数列 $A = \langle 1,4,5,6 \rangle$ と $B = \langle 2,3,4,7 \rangle$ を合成し，整列された数列 $C = \langle 1,2,3,4,4,5,6,7 \rangle$ を得る操作である．これは以下の手順で実現できる．

1) 数列 A, B の先頭要素同士を比較し，小さいほうをその数列から取り出す．もし等しい場合は A の要素を優先し，また片方の数列が空ならば他方の数列の先頭要素を取り出す．

2) 二つの数列 A, B が空になるまで上記操作を繰り返す．

各時点で取り出される要素は，その時点で数列 A, B における最小の要素であり，取り出した順に要素を並べれば整列された数列 C が得られる．この操作をマージ（merge，併合）という．図 **3.7** にその動作過程を示す．最初は A から 1 が，次に B から 2, 3 が取り出される．この時点で A, B ともに先頭要素は 4 であるが，その場合はまず A から 4 が取り出され，次に B の 4 が取り出される．以後同様である．明らかにマージ操作は，数列 A, B の要素数の合計に比例した時間で完了できる．

マージソート（merge sort）は，与えられた数列を 2 分割し，各部分列に対して再帰的にマージソートを適用して整列済みの部分列を求め，それらをマージすることで整列するアルゴリズムである．大きさが 1 の数列は明らかに整列済みである．よってマージソートでは，

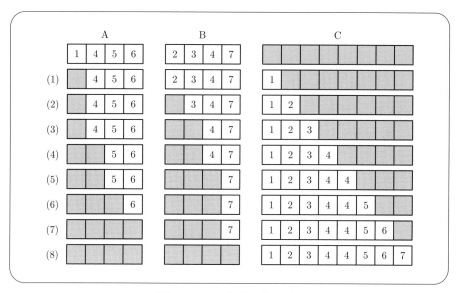

図 3.7 マージ操作の動作過程

部分列の大きさが1になるまで分割を繰り返し，大きさ1の二つの数列をマージして，大きさ2の整列された数列を求め，同様に大きさ2の数列同士をマージして大きさ4の整列された数列を求める，という操作をすべての部分列をマージするまで繰り返す．図 3.8 にマージソートの動作過程を示す．点線は分割操作を表し，実線はマージ操作を表している．

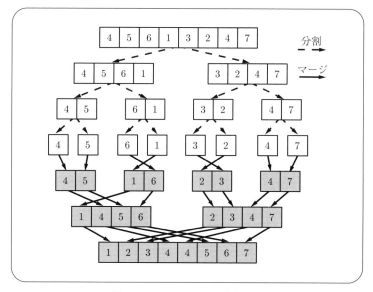

図 3.8 マージソートの動作過程

58 　　3.　基本的な探索整列の手法

　マージソートの実装例をリスト 3.5 に示す．29 行目の関数 merge_sort が，引数で指定
された整数配列 a をマージソートにより整列する呼び出し用の関数である．30 行目の変数
tmp は，マージした結果を保存するための作業用配列を表す．21 行目にある 4 引数の関数
merge_sort は引数で指定された範囲を整列する再帰呼び出し用の関数である．変数 begin
と end は，それぞれ整列対象の範囲の先頭要素および末尾要素の添字を表す．もし整列範囲の
大きさが 1 なら整列の必要はない（22 行目）．その後，範囲を 2 等分し，再帰的に merge_sort
を呼び出す（24, 25 行目）．この実装例では範囲の前半部分を左部分列，後半部分を右部分列
と呼んでいる．各部分列の整列後，関数 merge を呼び出し，左右の部分列をマージする（26
行目）．関数 merge は，左右の部分列から小さい順に要素を取り出し作業用配列 tmp に保存
した後（8–16 行目），その内容を元の配列 a に書き戻す（17, 18 行目）．

```
1   void merge(vector<int>& a, vector<int>& tmp, int begin, int mid, int end) {
2     int left_idx  = begin;                // 左部分列の先頭要素
3     int left_end  = mid;                  // 左部分列の末尾
4     int right_idx = mid + 1;              // 右部分列の先頭要素
5     int right_end = end;                  // 右部分列の末尾
6     int tmp_idx   = left_idx;             // 作業用領域の先頭
7     // 左部分列および右部分列から小さい順に tmp に書き出す
8     while (left_idx <= left_end && right_idx <= right_end)
9       if (a[left_idx] <= a[right_idx])    // 要素同士が等しい場合は，左部分列の要素優先
10        tmp[tmp_idx++] = a[left_idx++];
11      else
12        tmp[tmp_idx++] = a[right_idx++];
13    while (left_idx <= left_end)          // 左部分列の残り要素を tmp にコピー
14      tmp[tmp_idx++] = a[left_idx++];
15    while (right_idx <= right_end)        // 右部分列の残り要素を tmp にコピー
16      tmp[tmp_idx++] = a[right_idx++];
17    for (int i=begin; i <= end; i++)      // tmp の内容を a に書き戻す
18      a[i] = tmp[i];
19  }
20
21  void merge_sort(vector<int>& a, vector<int>& tmp, int begin, int end) {
22    if (begin >= end) return;             // 整列すべき要素数が 1 なら整列の必要なし
23    int mid = (begin + end) / 2;          // 中央位置を求める
24    merge_sort(a, tmp, begin, mid);       // 左部分列に対して再帰的に merge_sort を適用
25    merge_sort(a, tmp, mid+1, end);       // 右部分列に対して再帰的に merge_sort を適用
26    merge(a, tmp, begin, mid, end);       // 整列済みの二つの部分列を併合
27  }
28
29  void merge_sort(vector<int>& a) {
30    vector<int> tmp(a.size());            // マージ結果を保存するための作業領域
31    merge_sort(a, tmp, 0, a.size() - 1);  // 配列全体を整列する
32  }
```

リスト **3.5**　マージソートの実装例

　マージソートの計算量を考えてみよう．数列の長さを n とすると，マージソートにおけ
る分割回数は，二分探索と同様に $\lceil \log n \rceil$ 回である．ある長さまで分割された部分系列群を
$A_1, A_2, A_3, \ldots$ としよう．マージ操作では 2 本の部分系列 A_{2i-1}, A_{2i} $(i \geqq 1)$ を 1 本にまと
め上げるが，この操作には前述のとおり A_{2i-1} と A_{2i} の要素数の合計に比例した時間が必

要である．よって部分系列群 $A_1, A_2, A_3, \ldots$ にマージ操作を適用した場合，各部分系列の要素数の合計である n に比例した時間が必要となる．このマージ操作が $\lceil \log n \rceil$ 回実行されるため，マージソートの計算量は $O(n \log n)$ となる．これは要素の並びにかかわらず（たとえ整列済みであったとしても）常に同じである．

　マージソートは挿入ソートと同様にオンラインアルゴリズムである．整列済みの数列 A に対して，新たに到着した未整列の数列 B を追加したい場合，まず B を整列した数列 B' を求めた後，A と B' をマージすればよい．A と B を単純に結合した数列全体を整列し直すよりも高速である†．マージソートは安定な整列アルゴリズムでもある．与えられた数列を分割して得られた二つの部分列を A, B とし，A は B より前に出現する部分列とする．A と B のマージ操作では，等しい二つの要素 $x \in A$ と $y \in B$ が出現した場合（図 3.8 では 4），A の要素 x が優先される（リスト 3.5 では 9 行目）．よって，元の数列における x と y の順序関係は整列後も保たれる．

3.5.2　クイックソート

　クイックソート（quick sort）は，実用上最も高速であるとされる整列アルゴリズムである．マージソートと同様に，与えられた数列を二つに分割しながら動作する．マージソートでは単に 2 分割するだけであったが，クイックソートでは，数列からある要素 p を選び，p 以下の要素からなる部分列と，p より大きな要素からなる部分列に分割する．p のことを**ピボット**（pivot）という．いま，ピボット p を中心にして，p より前に p 以下の要素群が，p より後ろに p より大きな要素群があるとする．すなわち以下のような数列に分割する．

$$\langle l_1, l_2, \ldots, l_s, p, r_1, r_2, \ldots, r_t \rangle$$

ここで $l_1, \ldots, l_s$ は未整列だが p 以下の要素群であり，$r_1, \ldots, r_t$ も未整列だが p より大きな要素群である．図 **3.9** にその例を示す．クイックソートでは上式のように数列を分割した後，二つの部分列 $\langle l_1, \ldots, l_s \rangle$，$\langle r_1, \ldots, r_t \rangle$ に対し，それぞれ再帰的に同様の操作を繰り返す．分割されたすべての部分列の長さが 1 になれば整列が完了する．

　クイックソートの分割操作の詳細を説明しよう．この操作は数列の長さに比例する時間で実現できる．図 **3.10** に分割操作の動作例を示す．まず与えられた数列からピボットを選ぶ．ここでは数列の先頭要素 4 をピボットとして選ぶとしよう（図 (1)）．次に残りの要素群を二つに分割し，前半を 4 以下の要素群，後半を 4 より大きな要素群としたい．このため先頭要素と末尾要素の両方から中心に向かって交換すべき要素を探す．図中では L と R がそれぞれ

---

† ただし，B の長さが短い場合は，B の各要素を挿入ソートにより挿入したほうが速い場合もある．

60　　3. 基本的な探索整列の手法

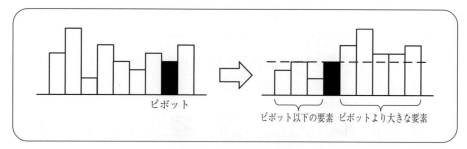

図 3.9　分割操作の例

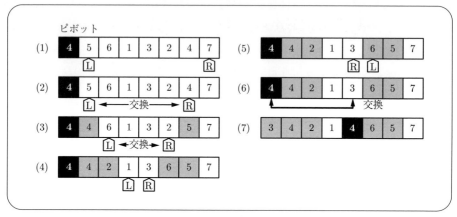

図 3.10　分割操作の動作過程

前半および後半の注目している要素を表す．L は後方に向かって 4 より大きな要素を探し，R は前方に向かって 4 以下の要素を探す．もし見つかればそれらを交換する（図 (2) と図 (3)）．もし L と R が交差したならば分割の完了を意味する（図 (5)）．このとき，L より手前の要素群が 4 以下であり，R より後方の要素群が 4 より大きい要素群となる．最後にピボットと L の一つ手前の要素（前半の末尾要素）を交換すれば（図 (6)），ピボットより前には 4 以下の要素群，後ろには 4 より大きな要素群が並ぶ（図 (7)）．

クイックソートでは分割後の部分列に対して再帰的に分割操作を適用する．図 3.11 にその様子を示す．この例では 4 回の分割操作を適用することで整列が完了する．

つぎにクイックソートの計算量を考えてみよう．分割操作では，数列の長さを n とすると，ピボットとピボット以外の要素との比較が計 $n-1$ 回あり，要素同士の交換回数は n 以下である（最後のピボットと前半の末尾要素との交換を含む）．よって，分割操作の計算量は $O(n)$ となる．クイックソートの分割操作は，マージソートとは異なり必ずしも数列を二等分するわけではない．分割後の数列の長さは明らかにピボットに依存する．例えば長さ n の昇順に整列済みの数列に前述の分割操作を適用した場合，最小要素がピボットとして選択されるため，前半部の長さが 0，ピボットが 1，後半部が $n-1$ のように分割されてしまう．も

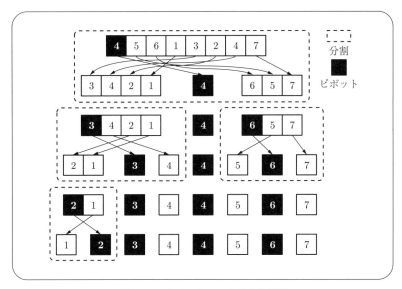

図 3.11 クイックソートの動作過程

し分割操作が数列を常に二等分するならば，分割回数は $O(\log n)$ で済み，各分割にかかる計算量は $O(n)$ であるので，この場合のクイックソートの計算量は $O(n \log n)$ となる．これが最良の場合であるが，平均計算量についても $O(n \log n)$ となることが知られている．一方，クイックソートの計算量が最大となるのは，分割後の数列の長さが 1 しか短くならない場合であり，このとき分割回数は $O(n)$ となるため，最大計算量は $O(n^2)$ となる．

よってクイックソートの性能を向上させるためには，数列の中央値を選択するような戦略が有効である．例えば数列中の先頭，中央，末尾の 3 要素の中央値をピボットとして選択する手法がよく用いられる．しかし，この場合でも計算量が $O(n^2)$ となるような入力列を意地悪く構成することが可能である．そこで分割回数が $\log n$ を超える（つまりクイックソートが苦手とする数列であった）場合に，ヒープソート（4.2.3 項参照，最大計算量が $O(n \log n)$ の整列アルゴリズム）に切り替える**イントロソート**（introsort）と呼ばれる手法も提案されている[5]．またランダムに選んだ要素をピボットとするような戦略もしばしば用いられる．これは**乱択化**[12),16),18)]（randomization）手法の代表例であり，最悪の場合を確率的に可能なかぎり減らしている．

クイックソートの実装例をリスト 3.6 に示す．27 行目の関数 quick_sort が，引数で指定された整数配列 a をクイックソートにより整列する呼び出し用の関数である．この関数は配列全体を整列すべき範囲として 20 行目の 3 引数の関数 quick_sort を呼び出す．ここで変数 begin と end は，それぞれ整列対象の範囲の先頭要素および末尾要素の添字を表す．もし整列範囲の大きさが 1 なら整列の必要はない（21 行目）．その後，ピボットを中心に数列を

62 　　3. 基本的な探索整列の手法

```cpp
int partition(vector<int>& a, int begin, int end) {
  int pivot_idx = begin;                    // ピボットの位置（配列上の添字）
  int pivot    = a[pivot_idx];              // ピボットの値
  int left_idx  = begin + 1;
  int right_idx = end;
  while (true) {
    // 右部分列においてピボット以下の要素を探す
    while (pivot < a[right_idx]) right_idx--;
    // 左部分列においてピボット以上の要素を探す
    while (left_idx <= right_idx && a[left_idx] < pivot) left_idx++;
    if (left_idx >= right_idx) break;       // 左右の部分列が交差したら分割完了
    swap_r(a[left_idx++], a[right_idx--]);  // 左右の要素を交換
  }
  // ピボットを左部分列の右端要素と交換
  pivot_idx = left_idx - 1;
  swap_r(a[begin], a[pivot_idx]);
  return pivot_idx;                         // ピボットの位置を戻り値とする
}

void quick_sort(vector<int>& a, int begin, int end) {
  if (begin >= end) return;                 // 整列すべき要素数が1なら整列の必要なし
  int pivot_idx = partition(a, begin, end); // ピボットを中心に左右に分割
  quick_sort(a, begin, pivot_idx - 1);      // 左部分列に対して再帰的に quick_sort を適用
  quick_sort(a, pivot_idx + 1, end);        // 右部分列に対して再帰的に quick_sort を適用
}

void quick_sort(vector<int>& a) {
  quick_sort(a, 0, a.size() - 1);           // 配列全体を整列する
}
```

リスト 3.6　クイックソートの実装例

分割する関数 partition を呼び出す．その戻り値はピボットの添字である．数列の分割後，ピボットより前の要素群と後ろの要素群に対して，それぞれ再帰的に quick_sort を呼び出している．1行目の関数 partition の詳細は先に述べたとおりである．変数 left_idx と right_idx は，それぞれ図 3.10 における L と R に対応する．

図 3.11 のクイックソートの動作過程では 4 が 2 回出現している．左側の 4 を x，右側の 4 を y としよう．元の数列では x は y より前に出現しているが，整列後はその位置関係が逆転している．よってクイックソートは一般には不安定な整列アルゴリズムである．この不安定さは分割操作に依存しており，安定な分割を行うような実装も可能である．しかしクイックソートにおいて安定性を求めると一般に実行速度が低下する傾向にある．

マージソートやクイックソートは高速な整列アルゴリズムだが，挿入ソートと比較すると再帰呼び出しや分割操作のオーバーヘッドがあるため，数列の長さが短い場合には挿入ソートより遅くなることがある．そこで整列対象の数列が短い場合，もしくは分割操作を繰り返して部分列が十分短くなった場合に挿入ソートに切り替えることがよく行われる．

3.6 空間を利用する整列

これまで紹介してきた四つの整列アルゴリズム（選択，挿入，マージ，クイックソート）は，いずれも二つの要素の比較に基づくアルゴリズムであった．例えばクイックソートでは，ある要素とピボットとを比較し，その要素を移動すべきか判断していた．このような比較に基づく整列アルゴリズムの計算量の下界は，n を要素数とすると，$\Omega(n \log n)$ となることが知られている．すなわち比較に基づくかぎり，$\Omega(n \log n)$ を下回るアルゴリズムは存在しない．

本節では比較を用いない整列アルゴリズムとしてバケットソート，計数ソート，基数ソートを紹介する．これらの整列アルゴリズムは，整列対象のデータのキーが整数である場合に適用できる．以下では整列対象のデータを長さ n の数列とし，数列中の各要素は 0 以上 m 未満の整数値をとるものとする．もしキーが整数でない場合でも，例えばある科目の成績が S, A, B, C, F の 5 段階評価であり，これを成績順に整列したい場合でも，評価値をそれぞれ整数値 0, 1, 2, 3, 4 に写像すれば適用可能である．

本節では，整列対象の各要素の値そのものを整列後の位置情報として利用する．例えば，大きさ m の配列 b を用意しておき，各要素 x を b の x 番目である $b[x]$ に保存した後，配列の先頭から要素を順次取り出せば整列が完了する．要素の値を配列の添字としてそのまま利用することで，要素同士を比較することなく，適切な位置に要素を配置することが可能になる．このとき配列 b のすべての要素に値が入っているとはかぎらないため，無駄にメモリを消費するように感じるかもしれないが，$m \leq n$ ならば $O(n)$ での高速な整列が実現できる．しばしば時間計算量と領域計算量はトレードオフの関係を示すが，本節で示す整列アルゴリズムは，メモリを潤沢に使用することで計算時間の高速化を図っているといえる．

3.6.1 バケットソート

整列対象の数列 a の長さが n，数列の各要素は 0 以上 m 未満の整数値をとるものとする．バケットソート（bucket sort）は，前述のとおり，まず大きさ m の配列 b を用意しておき，各要素 $x \in a$ を $b[x]$ に保存した後，配列の先頭から要素を順次取り出すことで整列するアル

ゴリズムである†. 配列 b の各要素を**バケット**といい,一般的にキューを用いる.すなわち b はキューの配列である.バケットにキューを用いる理由は,同じ値の複数の要素を出現順に保持するため(安定性のため)である.

図 **3.12** にバケットソートの動作過程を示す.整列対象の数列 a は,0 以上 5 未満の八つの整数値からなる.まずバケット $b[0], b[1], \ldots, b[4]$ を用意し,a の先頭要素から順に各要素 $x \in a$ をキュー $b[x]$ にエンキューする.その後,バケット $b[0]$ が空になるまでデキューを繰り返し,次に $b[1], b[2], \ldots$ と同様に要素を取り出していけば,整列された数列 a' を得ることができる.このとき,例えばキュー $b[3]$ には三つの 3 が格納されるが,その並びは a における出現順序に従っていることに注意してほしい.デキュー操作はキューの先頭から要素を順次取り出すため,等しい要素群の順序関係は整列後も保たれる.よってバケットソートは安定な整列アルゴリズムである.

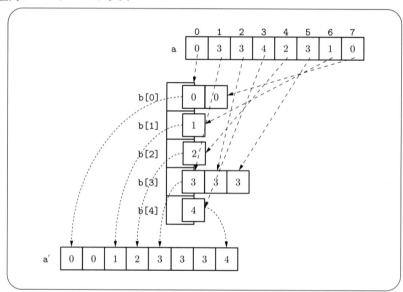

図 **3.12** バケットソートの動作過程

バケットソートの計算量を考えてみよう.n 個の要素を各キューに登録するのに $O(n)$ 必要であり,m 個のキューから合計 n 個のデータを取り出すのに $O(n+m)$ 必要である.結果としてバケットソートの計算量は $O(n+m)$ となり,もし $m \leq n$ ならば $O(n)$ である.バケットソートは簡潔でわかりやすいアルゴリズムではあるが(よって実装例は省略する),キューの操作に一定の手間がかかるため,$m \leq n$ であっても n が小さい場合にはマージソートやクイックソートよりも遅くなることがある.次節ではバケットソートよりも軽量な操作で高速な整列を実現する計数ソートを紹介する.

---

† 要素そのものを配列の添字として,すなわち索引として利用する考え方は,5 章のハッシュ表や 8.4 節のストリームマイニング(図 8.21)でも学ぶ.

3.6.2 計数ソート

計数ソート（counting sort）は，各要素 x の出現頻度 f_x を数え上げた後，x 以下の要素の累積頻度 $g_x\,(= \sum_{y \leq x} f_y)$ を求め，x の整列後の順位を g_x とする整列アルゴリズムである．これは整列済みの数列における要素 x の順位が，g_x によって決まることに基づいている．

計数ソートの動作過程を図 **3.13** に示す．図 (1) の配列 a が整列対象の数列である．数列の大きさは $n = 8$ であり，各要素は 0 以上 $m = 5$ 未満の値である．まず大きさ m の配列 freq を用意し，配列 a を走査して各要素の頻度を数え上げる．その結果が図 (1) の配列 freq である．例えば freq[0] の値 2 は，0 が 2 回出現していることを表している．次に各要素 x について，x 以下の要素の頻度を求めるため，配列 freq の値を順に積み重ねていく．その結果が図 (2) の配列 freq である．ここで例えば freq[2] の値 4 は，2 以下の要素が 4 回出現していることを意味する．すなわち整列後の数列においては 2 が 4 番目になることを表している．

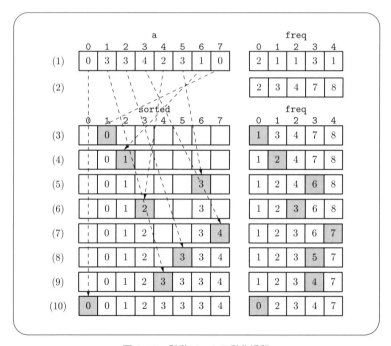

図 **3.13** 計数ソートの動作過程

各要素の累積頻度が求まれば，配列 a を整列することができる．まず出力用の配列 sorted を用意し，a の各要素を sorted の適切な場所へ配置していく．整列の安定性を確保するため a の末尾要素から順次処理する．a の末尾要素 0 の累積頻度は 2 である．すなわち 0 は 2 番目になることを意味する．配列の添字は 0 から始まるため，ここでは sorted[1] に 0 を書き込む．その後 freq[0] を 1 減らす（図 (3)）．これは 0 が複数回出現することがあり，

66　　3.　基本的な探索整列の手法

もし次に 0 が出現したならば sorted[0] に書き込むためである．以後同様に a の要素を処理すれば，整列が完了する（図 (4)–(10)）．図より，等しい要素群の順序関係は整列後も保たれることがわかる．よって計数ソートは安定な整列アルゴリズムである．

リスト 3.7 は計数ソートの実装例である．関数 counting_sort の引数 a が整列対象の数列を表し，size は m に対応する．まず配列 a の各要素の頻度をカウントし（4, 5 行目），次に累積頻度を求める（7, 8 行目）．その後，累積頻度に基づき整列済みの配列 sorted を構成し（11, 12 行目），最後に sorted の内容を a に書き戻す（14, 15 行目）．

```
1   void counting_sort(vector<int>& a, int size) {
2     // 各要素の出現頻度をカウント
3     vector<int> freq(size);                      // 出現頻度のカウント用配列
4     for (unsigned int i=0; i < a.size(); i++)
5       freq[a[i]]++;                              // 要素 a[i] の頻度をカウント
6     // 各頻度を積み上げ，i 以下の要素の頻度を求める
7     for (unsigned int i=1; i < freq.size(); i++)
8       freq[i] += freq[i-1];
9     // 累積頻度に基づき整列
10    vector<int> sorted(a.size());
11    for (int i = a.size() - 1; i >= 0; i--)
12      sorted[--freq[a[i]]] = a[i];
13    // 配列 a に書き戻す
14    for (unsigned int i=0; i < sorted.size(); i++)
15      a[i] = sorted[i];
16  }
```

リスト **3.7**　計数ソートの実装例

計数ソートの計算量は $O(n+m)$ になる．頻度計算に $O(n)$，累積頻度の計算に $O(m)$，累積頻度に基づく整列に $O(n)$，元の配列への書き戻しに $O(n)$ かかるため，結果として $O(n+m)$ となる．もし $m \le n$ ならば $O(n)$ である．バケットソートではキューへの要素の追加と取り出しの操作が必要となるが，計数ソートでは頻度を表す整数変数を操作するだけで済むため，計算量は同じでも実際上は計数ソートのほうが高速である．

3.6.3　基 数 ソ ー ト

バケットソートと計数ソートは，$m \le n$ のとき $O(n)$ となり高速な整列を実現するが，m が n よりも非常に大きい場合，マージソートやクイックソートよりも一般に遅くなる．例えば商品を売上げ順に整列したい場合，商品の種類数（n）よりも，売上金額（商品の売価 × 販売個数）の最大値（m）のほうが大きくなるであろう．そのような場合でも高速な整列を実現するアルゴリズムを紹介しよう．

基数ソート（radix sort）は，整列対象の数を r 進数で表し，その桁ごとに整列するアルゴリズムである．**図 3.14** は 10 進数での基数ソートの動作過程である．基数ソートでは，下

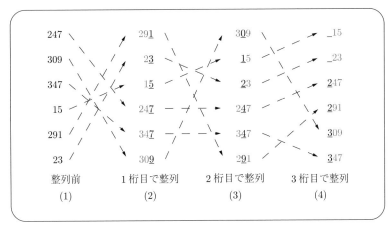

図 3.14 基数ソートの動作過程

位の桁から上位の桁に向けて桁ごとに安定な整列アルゴリズムを適用する．この例では最大3桁であるので3回適用すればよい．例えば，図 (4) の 247 と 291 に注目してほしい．これらの数の3桁目は2であり，3桁目の整列においては等しい要素同士である．しかし2桁目はそれぞれ4と9であるため，図 (3) の2桁目の整列後は 247 は 291 より前にある．よって安定な整列アルゴリズムを3桁目に適用すれば，241 は 291 よりも前に配置されることになる．すなわち下位の桁から順に安定な整列アルゴリズムを適用すれば整列が完了する．

整列対象の数列が r 進数で表され，その最大桁数を k とする．もし各桁の整列に計数ソートを利用したとすれば，その計算量は $O(n+r)$ であり，それを k 回繰り返すので，基数ソートの計算量は $O(kn+kr)$ となる．もし r と k が n よりも十分小さいならば $O(n)$ となる．

基数 r の選択は重要である．極端な例として $r=2$ とし，整列対象の n 個の整数がすべて異なるとすると，$k = \log n$ となり，この場合の計算量はマージソートやクイックソートと同じ $O(n \log n)$ になる．逆に $r=m$ とすると桁数 k は 1 になるため，桁ごとに整列するという基数ソートの特徴が失われてしまう．例えば桁ごとの整列にバケットソートや計数ソートを利用する場合，m が n に比べて非常に大きいと遅くなってしまう．整列対象のデータによって最適な基数 r は異なるが，例えば32ビットの整数を整列する場合には，256 $(= 2^8)$ 進数や 2048 $(= 2^{11})$ 進数が用いられることがある．前者であれば $k=4$，後者では $k=3$ となる．これは桁ごとの整列をそれぞれ最大でも4回または3回繰り返すことを意味する．リスト 3.8 は基数ソートの実装例である．各桁の整列には計数ソートを利用している．計数ソートの実装例はリスト 3.7 でも示したが，リスト 3.8 の関数 counting_sort では，指定した桁に注目して整列を行うため第3引数 divider を追加し，戻り値の型を void から bool に変更している．例えば，数列を10進数として解釈し，その3桁目で整列したい場合は，size に 10 を指定し，divider に 100 $(= 10^{3-1})$ を指定する．数列 a の各要素 a[i]

68　　3. 基本的な探索整列の手法

```cpp
1  #include <cmath>                                      // べき乗を求める関数 pow 用
2
3  bool counting_sort(vector<int>& a, int size, int divider = 1) {
4    // 各要素の出現頻度をカウント
5    vector<int> freq(size);                            // 出現頻度のカウント用配列
6    bool has_carry = false;                            // 上の桁があるか?
7    for (unsigned int i=0; i < a.size(); i++) {
8      freq[ (a[i] / divider) % size ]++;               // 要素 a[i] の頻度をカウント
9      if (size <= a[i] / divider)                      // もし指定サイズ以上であれば,
10       has_carry = true;                              // 上の桁があることを記録
11   }
12   // 各頻度を積み上げ, 以下の要素の頻度を求めるi
13   for (unsigned int i=1; i < freq.size(); i++)
14     freq[i] += freq[i-1];
15   // 累積頻度に基づき整列
16   vector<int> sorted(a.size());
17   for (int i = a.size() - 1; i >= 0; i--)
18     sorted[ --freq[ (a[i] / divider) % size ] ] = a[i];
19   // 配列 a に書き戻す
20   for (unsigned int i=0; i < sorted.size(); i++)
21     a[i] = sorted[i];
22   return has_carry;                                  // 上の桁がある場合 true を返す
23 }
24
25 void radix_sort(vector<int>& a, int radix) {
26   int figure = 1;
27   // バケットソートで figure 桁目を整列. 桁あふれがなくなるまで繰り返す
28   while (counting_sort(a, radix, pow(radix, figure-1)))
29     figure++;
30 }
```

リスト **3.8**　基数ソートの実装例

は, 内部では (a[i] / divider) % size に変換され, それを整列対象の値として扱う (8,
18 行目). この演算により指定の桁を取り出すことができる. 例えば 1234 の場合, これを
100 で割れば 12 となる (整数同士の除算では小数点以下は切り捨てられる). それを 10 で
割った余りは 2 となり, 1234 の 3 桁目が抽出できることがわかる. また a[i] / divider
が size 以上の場合は, 指定の桁よりも上位の桁が存在することを意味するため, それを表
す変数 has_carry に true を代入し (9, 10 行目), これを戻り値として返している. その
他のコードは, リスト 3.7 と同じである.

25 行目の関数 radix_sort が引数で指定された整数配列 a を基数ソートにより整列する
呼び出し用の関数である. 引数 radix は基数を表し, 各整数を radix 進数で表現して処理
する. 26 行目の変数 figure が整列対象の桁を表す. 28, 29 行目において最下位の桁から
上位の桁に向けて桁ごとに計数ソートを適用している. このループは関数 counting_sort
が false を返すまで, すなわち上位の桁が存在しなくなるまで繰り返される. 第 3 引数の
pow(radix, figures-1) は, 例えば 10 進数の 3 桁目を整列する場合は $10^{3-1} = 100$ とな
る. この値が関数 counting_sort の引数 divider に代入されるが, その用途は前述のと
おりである.

本章のまとめ

本章では，与えられたデータ系列から特定のデータを探し出す探索アルゴリズムと，系列を特定の順序に並べる整列アルゴリズムを紹介した．また，これらのアルゴリズムを評価する尺度として計算量を紹介した．これらを簡単にまとめよう．ここで n は系列の長さとする．

❶ アルゴリズムの計算量とは，そのアルゴリズムを実行するのに必要な時間やメモリの使用量を表す．通常，単に計算量といった場合は，最大時間計算量を指すことが多い．一般には計算環境の違いを無視するため漸近的な評価を行う．

❷ 線形探索は，データ系列の先頭要素から順番に調べていく探索アルゴリズムであり，系列が未整列であっても，また配列や連結リストであっても適用可能である．線形探索の計算量は $O(n)$ である．

❸ 二分探索は整列済みの配列を対象とした探索アルゴリズムであり，探索範囲を半分に絞り込む操作を繰り返しながら動作する．その計算量は $O(\log n)$ である．

❹ 選択ソートの計算量は常に $O(n^2)$ である．

❺ 挿入ソートの計算量は $O(n^2)$ であるが，整列済みの系列に対しては $O(n)$ で済む．また挿入ソートはオンラインかつ安定な整列アルゴリズムである．

❻ マージソートはオンラインかつ安定な整列アルゴリズムであり，その計算量は常に $O(n \log n)$ である．

❼ クイックソートは実用上最も高速であるとされる整列アルゴリズムであり，その平均計算量は $O(n \log n)$ である．一般には安定な整列アルゴリズムではない．

❽ バケットソート，計数ソート，基数ソートは，整列対象のデータのキーが整数である場合に適用可能な安定な整列アルゴリズムである．

❾ 系列の長さを n，各要素のキーがとり得る整数の範囲を 0 以上 m 未満とすると，バケットソートと計数ソートの計算量は $O(n+m)$ となる．実際上は計数ソートのほうがバケットソートよりも高速である．

❿ m が n よりも非常に大きい場合は，キーを r 進数で表し，その桁ごとの整列を繰り返す基数ソートが適している．キーの最大桁数を k とすれば，基数ソートの計算量は $O(kn+kr)$ となる．

70　3.　基本的な探索整列の手法

$$\text{●理解度の確認●}$$

問 3.1　計算量の O 表記では対数の底を省略することが多い．例えば二分探索の計算量を $O(\log_2 n)$ ではなく，単に $O(\log n)$ と表記する．計算量の漸近的評価の観点から，この理由を説明せよ．

問 3.2　リスト 3.2 の関数 binary_search は著者をキーとして二分探索を行うが，これを一般化し，任意のキーを指定できるように拡張せよ．

問 3.3　リスト 3.2 の関数 binary_search を再帰呼び出しを利用せずに定義せよ．

問 3.4　リスト 3.2 の書籍配列を，任意のキーにより整列できるようなプログラムを示せ．

問 3.5　昇順に整列済み，降順に整列済み，ランダムな並びの数列データを用意し，本章で示した各整列アルゴリズムの速度を比較せよ．またその速度差について考察せよ．

問 3.6　リスト 3.6 のクイックソートの実装は，先頭要素をピボットとして選択するため，整列済みの数列に対して非常に遅いという欠点がある．これを改善せよ．

問 3.7　マージソートやクイックソートは高速な整列アルゴリズムだが，数列の長さが短い場合には挿入ソートより遅くなることがある．数列の長さに応じて整列アルゴリズムを切り替えることで高速な整列アルゴリズムを実現せよ．

問 3.8　巨大なデータ系列を整列する場合，すべてのデータをメモリに読み込むことはできない．そこで数列をメモリ上で整列可能なサイズに分割し，それぞれの部分系列をメモリに読み込み整列し，いったんファイルに書き出しておく．その後，二つの整列済みファイルをマージすることを繰り返すことで，全体として整列することが可能である．このようなアルゴリズムについて検討せよ．

問 3.9　整列したい各データのサイズが大きい場合，配列上でデータを移動させるためのコストが無視できなくなる場合がある．そのため，整列したいデータ配列に対し，各要素へのポインタからなる配列を用意しておき，そのポインタ配列を整列対象とすることがしばしば行われる．このような整列アルゴリズムを実現し，ポインタ配列を用いない場合との実行速度の差を評価せよ．

4

二分木とその応用

　2章ではデータ構造の一つである「木構造」を紹介した．配列と連結リストがいずれもデータを1次元に並べて扱うのとは対照的に，木構造は「枝分かれ」によって洗練されたデータの配置を可能にし，大量のデータを高速に処理する方法を提供する．

4.1 二分探索木

3.3節「再帰的探索」では配列中の整列されたデータを $O(\log n)$ で高速に探索する**二分探索**を学んだ．二分探索では，求めるキーをデータ列中の中央値と比較することによって半数のデータを棄却し，対象データの規模を半減させることができたが，この探索の前提として，探索の対象となるデータ群は予めすべて与えられており，何らかの方法で整列されている必要があった．しかし「予めデータは固定的に与えられる」という前提は必ずしも多くの応用例に当てはまらない．データが刻々追加されたり，削除されるとしたら，二分探索は能率的であろうか？ 2.3節「連結リスト」でも述べたように，配列中の整列済みデータに新たなデータを追加するには，データの大規模な移動が必要になる．データの割込みを容易にするには連結リストを使うことが考えられるが，連結リストでは中央値を容易に見出すことができない．配列と連結リスト，どちらの線形データ構造も，探索性能を保ったまま高速なデータの追加を実現することはできないのである．本節では，二分木データ構造の威力を示す最初の例として，二分探索木による探索を取り上げる．なお，探索データ構造の説明においてはキーの役割が重要であり，その他の項目は本質的な意味をもたないので，本章では簡単のためにキー以外の項目の存在を省略し，「データのキー」を単に「データ」と表現する．

4.1.1 素朴な二分探索木

追加，削除が繰り返されるデータ群に対する探索を能率よく行うための**二分探索木** (binary search tree) の例を**図 4.1** に示す．二分探索木にデータが配置されるルールを図の例から読みとってほしい．ある頂点に格納されたデータが x であったとすると，その右側には x より大きいデータ，左側には小さいデータしか存在しない．このように配置されたデータ群に対して，データを探索する方法を考案することは難しくないであろう．探索目標となるデータを t とする．二分木の根のデータを t と比較して t が大きければ，左部分木のデータ群は探索対象から除外でき，逆に t が小さければ右部分木を除外できる．この作業は再帰的に適用されて，t が頂点のデータと等しい場合は探索が終了し，探索が葉頂点に到達しても探索目標が見つからなければ，目標が存在しないと判定される．1 回の比較によって多くのデータを探索対象から除外できる（可能性がある）という点が重要である．

4.1 二分探索木

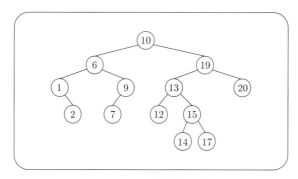

図 4.1 二分探索木の例

リスト 4.1 は二分探索木の実装例である．二分木の頂点のためのクラスとしてリスト 2.7 の BinNode を用いるが，新たに定義するクラス BinarySearchTree から BinNode のメンバに直接アクセスできるように friend class BinarySearchTree;（4 行目）を加えておく†．前章までのプログラムでは，メンバ関数をすべてクラス定義の中に記述してきたが，規模の大きいソフトウェア開発では，クラスの定義内には 18 行目のように，メンバ関数名，引数，戻り値のみを記述し，関数の内容を分離して記述する．クラス定義の外で定義された関数がどのクラスに属するかを明示するには**スコープ演算子**（scope resolution operator）:: を用いて 23 行目や 31 行目のように記述する．

```
1   template class BinNode<T>{ //リスト 2.7 の class BinNode
2       ...
3       // BinarySearchTree のメンバ関数から BinNode のプライベートメンバを操作可能にする
4       friend class BinarySearchTree;
5   };
6
7   class BinarySearchTree { // 二分探索木のクラス
8
9       BinNode<int>* root;      // 根頂点を指すポインタ
10
11    public:
12      BinaryTreeSearch( ) { root = NULL; };          // 初期状態（空の状態）を定義
13      ~BinaryTreeSearch( ) { makeEmpty( root ); }; // デストラクタ
14      bool insert( int data ) { return insert( data, root ); }; // 根頂点を始点として挿入
15      bool find( int data ) const { return find( data, root ); }; // 根頂点を始点として探索
16
17    private:
18      bool find( int data, BinNode<int>* tree) const;
19      bool insert( int data, BinNode<int>* & tree);
20      void makeEmpty( BinNode<int>* tree );
21  };
22
23  void BinarySearchTree::makeEmpty( BinNode<int>* tree ) { //木を後順でなぞって領域を開放
24      if( tree !=NULL ) {
25          makeEmpty( tree->left );
26          makeEmpty( tree->right );
27          delete tree;
28      }
```

† friend class 宣言はクラスのカプセル化の原則を損なう性格をもっているので，真に密接な関係をもつクラス間でのみ使用するべきである．

74　　4. 二分木とその応用

```
29  }
30
31  bool BinarySearchTree::find( int data, BinNode<int>* tree ) const {
32      if( tree == NULL )                   // 探しているものは存在しない
33          return false;
34      else if( tree->key == data )     // 発見
35          return true;
36      else if( tree->key > data )
37          return find( data, tree->left );   // 左部分木を再帰的に探索
38      else
39          return find( data, tree->right ); // 右部分木を再帰的に探索
40  }
41
42  bool BinarySearchTree::insert( int data, BinNode<int>* & tree ) {
43      if( tree == NULL ) {
44          tree = new BinNode<int>( data );     // 頂点の追加
45          return true;
46      }
47      else if( tree->key == data )     // すでに同じキーがあるので登録できない
48          return false;
49      else if( tree->key > data )
50          return insert( data, tree->left );
51      else
52          return insert( data, tree->right );
53  }
```

リスト 4.1　二分探索木の実装例

　public 関数 find(int)（15 行目）は根頂点 root を始点に指定して private 関数 find (int, BinNode*) を呼び出し，find(int, BinNode*)（31 行目以降）は着目点を子頂点に移動しながら再帰的にデータを探索している†．データを追加する関数 insert も find と同様な動作を行うことでデータの挿入位置を決定し，new で新たに生成した頂点のアドレスを二分木に追加する（44 行目）．ただし，insert の第 2 引数 tree が値引数ではなく参照引数になっているのは find との大きな違いであり，これによって木構造の変更が可能になる．なお，本章の探索データ構造においては，同一のキーを複数登録することは考えないものとする（47 行目）．クラス BinarySearchTree のオブジェクトが不要になって破棄されるとき，クラス内で new によって確保された領域はデストラクタによって開放されなくてはならない．そのための makeEmpty（23 行目）は木を後順になぞって領域を開放している．

🍵 談 話 室 🍵

　多態性　　C++言語のようなオブジェクト指向言語の特徴として，2 章で紹介した「クラスによるカプセル化」と「継承」の他に**多態性**（polymorphism）が挙げられる．C++における狭い意味の多態性は，基本クラスのポインタが派生クラスのオブジェクトを指せることを通じて，継承関係にある多種類のクラスオブジェクトを統一的に扱えること

---

† find という一つの関数名が異なる複数の関数に付けられていることに注意してほしい．C++では，名前が同じでも引数の型や個数が異なれば異なる関数として扱われる．慣れないと混乱するかもしれないが，リスト 4.1 の二つの find に異なる名前を付けるのはむしろ不自然であろう．

を意味している．一方，同じ名前の命令（関数呼び出し）が文脈によって異なる関数を起動することも多態性と呼ばれる．リスト 4.1 の `find` のように引数が異なれば同じ名前でも異なる関数となることや，異なるクラスが同じ名前のメンバ関数をもってよいことも広い意味の多態性である．この性質によって我々は関数名を「見つける (`find`)」，「挿入する (`insert`)」などのシンプルな述語とすることができ，扱う対象の種類や手段の違いによって関数名を変える必要がない．

〔1〕**素朴な二分探索木の探索性能**　図 4.1 とリスト 4.1 の `find`, `insert` を見てわかるとおり，二分探索木操作の最大計算量は木の深さによって決まる．探索，追加いずれの操作も木の世代を一つずつ降りながら目標データを探していき，木の葉に至れば操作は終了するからである．では二分木の深さはどう決まるであろうか？ 以下の上限と下限は容易に確認できる（頂点数を n とする）．

- 二分木の深さの上限：$n-1$
- 二分木の深さの下限：$\lfloor \log n \rfloor$

データ数が 7 の場合について，上限，下限が実現される例を図 4.2 に示した．入力されるデータがランダムであれば，下限に近いケースが実現すると期待され，その場合の探索性能は整列済みデータ列の二分探索と同等であるのに対して，データが整列された順序に（または近似的に整列された順序に）追加されると最悪なケースが発生し，データ量に比例した処理時間となってしまう．入力データが近似的に整列されていることは実用上も起こりうるので，これまでに説明した素朴な二分探索木を不用意に実問題に適用してはならない．木の深さをなるべく下限に近づける具体的な方法は，次項の平衡二分探索木に譲るが，木の深さを抑えることは木のバランス（平衡）をとることに対応していることを指摘しておく．図 4.2 の上限例と下限例は正にバランスがよい例と悪い例の両極端である．

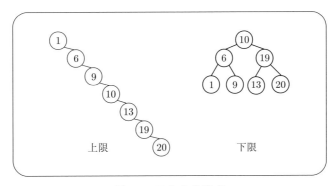

図 4.2　二分木の深さ

76　　4. 二分木とその応用

〔**2**〕 **データの削除**　　データを二分探索木から削除するためには，まず探索を行い，目標が見つかったときにそのデータを格納する頂点を木から除去する．ポインタで結ばれた頂点の除去については，連結リストの中からデータを削除する方法が参考になるだろう．実際，削除すべき頂点に子頂点がない場合と子頂点が一つだけの場合には，削除は 1 次元連結リストの場合と同様に行える．リスト 4.2 には削除を実装する関数として remove（4 行目，10 行目），removeMax（32 行目）が示してある．削除アルゴリズムの骨格は 10 行目以降の remove(int, BinNode<int>* &) に含まれており，14 行目から始まる部分が具体的な削除の手順である．

```
 1  class BinaryTreeSearch { // 二分探索木に remove を追加
 2      ...
 3    public:
 4      bool remove( int data ) { return remove( data, root ); };
 5    private:
 6      bool remove( int data, BinNode<int>* & tree);
 7      int  removeMax( BinNode<int>* & tree );
 8  }
 9
10  bool BinarySearchTree::remove( int data, BinNode<int>* & tree ) {
11      if( tree == NULL ) // 探しているものは存在しない
12          return false;
13      else if( tree->key == data ) {    // 発見
14          if( tree->left == NULL || tree->right == NULL ) { // 子が一つ以下の場合
15              BinNode<int>* toBeRemoved = tree;
16              if( tree->left != NULL )
17                  tree = tree->left;
18              else
19                  tree = tree->right;
20              delete toBeRemoved;
21          }
22          else   // 子が二つある場合
23              tree->key = removeMax( tree->left );
24          return true;
25      }
26      else if( tree->key > data )
27          return remove( data, tree->left );   // 左部分木を再帰的に探索
28      else
29          return remove( data, tree->right ); // 右部分木を再帰的に探索
30  }
31
32  int BinarySearchTree::removeMax( BinNode<int>* & tree ) {
33      assert( tree != NULL );          // 空の木に対して removeMax は呼べない
34      if( tree->right != NULL )
35          return removeMax( tree->right );
36      else {  // 最大値を発見
37          int max = tree->key;
38          BinNode<int>* toBeRemoved = tree;
39          tree = tree->left;
40          delete toBeRemoved;
41          return max;  // 最大値を返す
42      }
43  }
```

リスト **4.2**　二分探索木における削除

削除すべき頂点に子が二つある場合には、二分木固有の作業が必要である。子を二つもつ頂点は左右部分木の境界値としての役割があるため、その頂点のデータを削除するにあたっては、代わりの境界値として右部分木中の最小値または左部分木中の最大値を移動してくる必要がある。図 4.3 には左部分木の最大値を移動する削除の例を示した。リスト 4.1 では 22 行目で removeMax を呼び出してこの作業を行っている。removeMax は指定された部分木の中の最大値を探して削除するとともにその最大値を返す。二分探索木（またはその部分木）中の最大値は、右の子がなくなるまで右の子をたどることで発見できる。

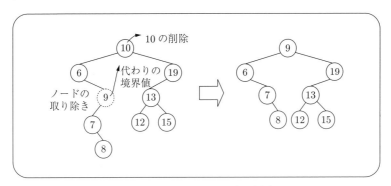

図 4.3　子が二つある頂点の削除

4.1.2　平衡二分探索木

前項で紹介したとおり、二分探索木の性能は木の深さで決まり、データ数が n のときの木の深さは最悪 $O(n)$ となる可能性があるため、実用的な問題に二分木を適用するには、木の深さを抑える（= 木のバランスをとる）ことが必要である。最もバランスのとれた、低い二分木は完全二分木であるが、我々は完全なバランスにこだわる必要はないので、バランス（平衡）の定義をある程度緩め、単純な作業で近似的バランスを維持する方法について議論する。何らかのバランス維持機能をもった二分探索木は**平衡二分探索木**（balanced binary search tree）と呼ばれ、本書ではその例として AVL 木を紹介する。

〔1〕**AVL 木**　AVL 木（AVL–tree）はアデルソン＝ヴェルスキー（G. Adelson–Velskii）とランディス（E. Landis）によって提案された平衡二分探索木で、その平衡（**AVL バランス**、AVL balance）は以下のように定義される。

「あらゆる頂点から見て、その頂点の左右部分木の深さの差が 1 以下であること」

AVL 木の例を図 4.4 に示す。図では、各頂点の左右下に左右部分木の深さが書かれており、その差が常に 1 以下であることが確認できる。このような近似的なバランスによって、AVL

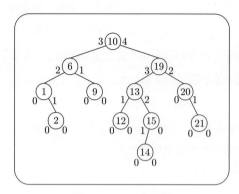
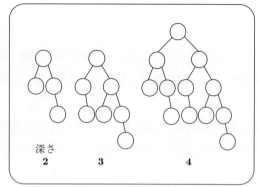

図 4.4　AVL 木の例　　　　　　　　図 4.5　頂点数が最小の AVL 木の例

木の深さがどのように抑えられるか，考察してみよう．図 4.5 には深さが 2, 3, 4 の場合について，含まれる頂点数が最も少ない AVL 木の例を示した．一般に深さが h である AVL 木に含まれる頂点数の最小値を $A(h)$ とすると，以下の漸化式が成り立つ．

$$A(h) = A(h-1) + A(h-2) + 1, \qquad A(0) = 1, \quad A(1) = 2$$

そして，頂点数 n に対して $n \geq A(h)$ であるような最大の h が AVL 木の深さの上限となる．十分大きな h に対して上式はフィボナッチ数列の漸化式 $A(h) = A(h-1) + A(h-2)$ に一致するため，数列 $A(h)$ は漸近的に公比 $(1+\sqrt{5})/2$ の等比数列となり

$$A(h) \propto \left(\frac{1+\sqrt{5}}{2}\right)^h = 2^{\log \frac{1+\sqrt{5}}{2} h} \approx 2^{h/1.44},$$
$$h \approx 1.44 \log A(h) < 1.44 \log n$$

が近似的に成り立つ．AVL 木の近似的平衡を簡単な手順で保持することができれば，性能のよい探索アルゴリズムができると期待できる．

〔2〕 **AVL 木へのデータ挿入**　　AVL 木へのデータ挿入は以下の手順で行われる．
1) バランスを考慮せず，データを挿入する．
2) 挿入の結果，バランス条件が崩れたら，頂点の再配置によりバランスを回復する．

バランスを回復するための頂点再配置は定数時間で遂行可能なことが望まれる．図 4.6 に，AVL 木にデータを追加する例を示す．図の左は AVL バランスがとれている初期状態であり，そこに 9 と 5 をこの順で追加している．9 を追加した段階では AVL 木のバランスは崩れていないが，つづいて 5 を追加した段階でバランスが崩れており，頂点再配置が必要となっている．

データの追加によって AVL 木のバランスが崩れるとき，同時に複数の深さで崩れることがあることに注意が必要である．図 4.6 の最終状態では 6, 3, 8 を含む頂点（灰色の頂点）から見たバランスが一度に崩れている．AVL 木のバランス維持アルゴリズムの興味深い点は，

4.1 二分探索木   79

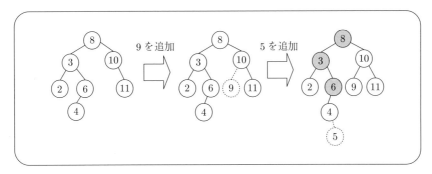

図 4.6　データの追加と AVL 木のバランス

バランスが崩れたいくつかの深さのうち，最も深いところ（上の例では 6 の頂点）でバランスを回復するだけで，自動的に全体のバランスを復活できることである．今，あるデータの追加によって AVL 木のバランスが崩れたとする．バランスが崩れたいくつかの深さのうち最も深いところに着目すると，そのバランスの崩れ方は本質的に図 4.7 の 2 パターンになる．

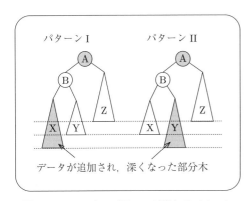   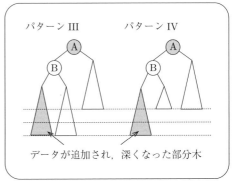

図 4.7　AVL 木のバランスが崩れるパターン　　図 4.8　起こりえないパターン

図 4.7 の破線は木の深さを示しており，部分木 X, Y, Z の深さが 1 ずつ異なっていること，そしてデータの追加によって頂点 A から見た左右部分木の深さの差が 2 となった（AVL バランスが崩れた）ことが表現されている．図には頂点 A の左部分木が深くなる例を示しており，逆に右部分木が深くなるケースももちろんあるが，本質的な違いはないので以後ではその説明を省略する．図の 2 パターンしか現れないという事実は簡単には受け入れられないかもしれないが，以下の二つの条件によってそれが保証されることをよく理解してほしい．

1. データ挿入前には AVL バランス条件が満たされていること．
2. バランスが崩れている最深頂点に着目しているので，着目頂点（図の頂点 A）より深いところでバランスは崩れていないこと．

例えば，図 4.8 のパターン III は条件 1. によって排除され，パターン IV は条件 2. によって排除される．

図 4.7 パターン I のバランス回復手順を考えよう．素朴に考えて，バランスをとることは「深くなった左部分木を浅くする」ことなので，左の子頂点 B を一段上の根頂点に配置してみる．二分探索木の性質を保ち，かつ部分木 X, Y, Z の内部を変更しないことを仮定すれば，配置は一意的に決まるので，自ら図を描いてみるとよい．結果は図 4.9 のとおりとなる．

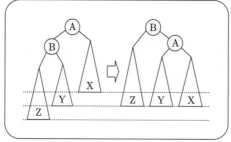

図 4.9　パターン I からのバランス回復　　　　図 4.10　パターン II からのバランス回復

この単純な再配置によってパターン I の左右バランスは必ず復活する．そして，図 4.9 の破線に注目してほしい．3 本の破線のうち中段の破線はこの部分木にデータが挿入される前の深さを表している．再配置の結果，部分木の深さは挿入前に戻ることになり，着目している深さより浅い部分でバランスが崩れていたとしても，それは自動的に回復することになる．

次にパターン II からのバランス回復手順を考える．残念ながらパターン I と同じ再配置を行っても，バランスは復活できないので，深くなった部分木 Y の内部に一段だけ深く立ち入って，図 4.10 のように部分木 Y の根頂点を C，C の左右部分木を Y1, Y2 とする．頂点 C を最上位レベルに配置してみよう．ここでも頂点 A, B，部分木 X, Y1, Y2, Z の配置は一意的に決まり，結果は図 4.10 のようになる．パターン II についても，バランスが復活すると同時に木の深さが挿入前に戻っていることがわかる．

AVL 木による探索木の実現例をリスト 4.3 に示す．AVL 木の頂点に対応する `class AvlNode` には左右部分木の深さを記録するメンバー `leftDepth`, `rightDepth` を追加し（5 行目からの 2 行），データ追加時のバランスの崩れを検出するために `insert` はデータ追加後の部分木の深さを返す（64 行目）．34 行目以降でバランスの崩れの検出と回復が行われている．図 4.9 と図 4.10 の頂点 A, B, C と部分木 Y, Y1, Y2 はプログラム中の同名の変数に対応しているので，作業内容を図と対応させて理解してほしい．

```
1  class AvlNode{ //   AVL 木の頂点
2    private:
3      int key;
4      AvlNode* left;  AvlNode* right;
5      int leftDepth;     // 左部分木の深さ
6      int rightDepth;    // 右部分木の深さ
7      friend class AvlTree;
8    public:
9      AvlNode( int x ) { // 子のない頂点を生成
```

4.1 二 分 探 索 木　　**81**

```
10          key = x;
11          left = NULL;      leftDepth = 0;
12          right = NULL;     rightDepth = 0;
13      };
14  };
15
16  class AvlTree { // AVL 木
17
18      AvlNode* root;      // 根頂点を指すポインタ
19
20    public:
21      AvlTree( ) { root = NULL; }; // 初期状態（空の状態）
22      void insert( int data ) { return insert( data, root ); }; // 根頂点を始点として挿入
23    private:
24      int insert( int data, AvlNode* & tree);
25  };
26
27  int AvlTree::insert( int data, AvlNode* & tree ) {
28      if( tree == NULL )
29          tree = new AvlNode( data );
30      else if( tree->key == data )      // すでに同じキーがあるので登録できない
31          ;
32      else if( tree->key > data ) {
33          tree->leftDepth = insert( data, tree->left ); // 左部分木の深さを更新
34          if( tree->leftDepth > tree->rightDepth + 1 ) {  //バランスが崩れたら再配置
35              if( tree->left->leftDepth > tree->left->rightDepth ) {
36              // パターン I からのバランス回復
37                  AvlNode* A = tree;
38                  AvlNode* B = tree->left;
39                  AvlNode* Y = B->right;      int YDepth = B->rightDepth;
40                  tree = B;
41                  B->right = A;     B->rightDepth = B->leftDepth;
42                  A->left = Y;      A->leftDepth = YDepth;
43              }
44              else { // パターン II からのバランス回復
45                  AvlNode* A = tree;
46                  AvlNode* B = tree->left;
47                  AvlNode* C = B->right;
48                  AvlNode* Y1 = C->right;    int Y1Depth = C->rightDepth;
49                  AvlNode* Y2 = C->left;     int Y2Depth = C->leftDepth;
50                  tree = C;
51                  C->left = B;     C->leftDepth =  B->leftDepth + 1;
52                  C->right = A;    C->rightDepth = B->leftDepth + 1;
53                  A->left = Y1;    A->leftDepth = Y1Depth;
54                  B->right = Y2;   B->rightDepth = Y2Depth;
55              }
56          }
57      }
58      else {
59          tree->rightDepth = insert( data, tree->right );
60          if( tree->rightDepth > tree->leftDepth + 1 ) {
61              // パターンI, II の左右を入れ替えたケース（省略）
62          }
63      }
64      return max( tree->leftDepth, tree->rightDepth ) + 1; // 追加後の部分木の深さを返す
65  }
```

リスト **4.3**　AVL 木の実装例

　リスト 4.3 の insert は再帰的に挿入とバランス回復を行っている．再帰のレベルが深く
なる過程で挿入場所の探索が行われ，再帰のレベルが浅くなる過程でバランスのチェックと
頂点再配置によるバランスの回復が行われる．バランス回復が一度行われれば，AVL 木アル

82　　4. 二分木とその応用

ゴリズムの性質により，それ以降のバランスチェックは本来は不要であるが，リスト 4.3 では単純な実装を採用しているため，根頂点に戻るまでチェックがつづけられている．

〔**3**〕　**AVL 木における削除**　　AVL 木におけるデータの削除は，まず素朴な二分探索木と同様に削除して，バランスが崩れたら頂点を再配置して回復するという手順で実現できる．削除によってバランスが崩れるパターンについては，図 4.7 のパターン I, II に加えて，図 4.8 のパターン III も存在することに注意してほしい．パターン I, II からのバランス回復は挿入時と同様に行えばよく，パターン III もパターン I と同じ回復手順でバランスが回復することがわかる．ただし，このようなバランス回復手順では，木の深さが削除前の深さには必ずしも戻らない．図 4.7 のいずれのパターンについても，削除前の深さは一番下の破線であり，バランス回復によって木は一段浅くなる．したがって，削除作業のバランス確認・回復は，根頂点に至るまで繰り返し行われる必要がある．AVL 木における削除の詳細な実装は読者の演習課題とする．

☕ 談 話 室 ☕

　さまざまな平衡木　　探索木の近似的な平衡を定義する方法は一通りではないので，AVL 木以外にも平衡探索木のアルゴリズムはいくつか提案されている．ここでは**二色木**（red–black tree）と **B 木**（B–tree）のアイデアをごく簡単に紹介する．

　二色木は木の深さを直接管理せず，各頂点に 1 ビット（2 色）の属性を与えることで平衡を保つ手法であり，次のような規則に従う．

1. 頂点を 2 種類に色づけする（ここでは白と黒とする）．
2. 根頂点から木の末端（葉頂点ではなく，NULL ポインタ）に至るすべての経路に含まれる白頂点の数は同じである．
3. 黒頂点同士が親子関係になることはない（黒頂点は連続しない）．

白頂点のみからなる二色木は最下レベルもすべて埋まった完全二分木であり，黒頂点の存在によって，二色木は完全な平衡から逸脱することが許されるが，黒頂点が連続しないという条件によって不平衡が抑制される仕組みとなっている．

　図 4.11（a）は深さが 5 である二色木のうち頂点数が最も少ないものの例である．図（b）には，深さが同じで含まれる頂点数が最も少ない AVL 木の例を示した．一般に木に含まれる頂点数が n であるときに，二色木の深さは $2 \log n$ 以下に抑えられることがわかっているが，この上限は AVL 木の深さの上限よりも緩くなっている．にもかかわらず，実用上は AVL 木よりも二色木が好まれることが多い．その理由は，AVL 木の平衡維持には挿入・削除後に上向きに処理が必要とされるのに対して，二色木は，追加・削

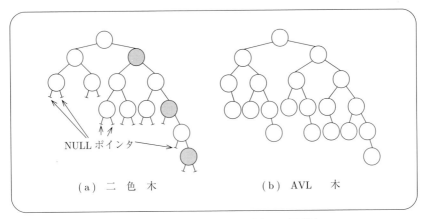

図 4.11 頂点数が最も少ない深さ 5 の平衡木

除いずれの処理についても，根頂点から下向きの前処理を行うことで挿入・削除後の上向き処理を不要にできる巧妙な手法が発見されているためである．

木のバランスを「深さ」ではなく，枝分かれの数によって実現する平衡木も存在する．図 4.12 は B–木と呼ばれる平衡木の例である．B–木は枝分かれの数を多くして木の深さを抑える発想に基づく平衡木であり，木の深さに関しては不平衡を許さない代わりに，枝分かれの数に自由度を与えて近似的な平衡を定義する．n 次の B–木は，すべての頂点において枝分かれの数（次数）が $\lceil n/2 \rceil \sim n$ となるように構成される．B–木は，ランダムアクセスの回数が性能に強く影響するような外部記憶を用いた探索に用いられる．

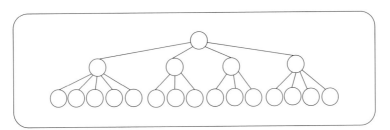

図 4.12 5 次の B 木の例

4.2 優先度付きキューとヒープソート

前節では二分木が探索データ構造として有効なことを解説した．二分木の応用例は他に多数あるが，ここではもう一つの重要な例として優先度付きキューを紹介する．

4.2.1 優先度付きキュー

単にキューといえば先入れ先出し（FIFO）キューであるが，**優先度付きキュー**（priority queue）はデータが入ってくる順序とは関係なく，データに付けられた**優先度**（priority）の順序でデータが取り出されるデータ構造であり，典型的には以下の操作が定義される．

- データを優先度付きで追加する（Enqueue）．
- 優先度が最も高いデータを参照する（Min）．
- 優先度が最も高いデータをキューから取り除く（DequeueMin）．

括弧内は本書での説明のために付けた名前であり，後の実装例における関数名である．MinとDequeueMinをまとめて一つにする実装も広く使われる．この節では，大量のデータを高速に処理する洗練された優先度付きキューの実現方法を解説するが，その前にまず最も素朴で単純な優先度付きキューの実現方法を紹介しよう．図4.13のように連結リストを用いてデータを優先度順に並べておけば，MinとDequeueMinは$O(1)$で実現できる．Enqueueにおいてはデータの挿入場所を探すのに$O(n)$の手順が必要で，挿入そのものは$O(1)$でできる．なお，本書では優先度は値が小さいほど優先度が高いものと定義する．

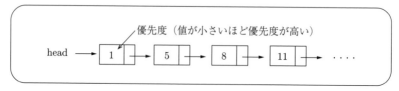

図4.13 連結リストによる優先度付きキュー

4.2.2 ヒープによる高速な優先度付きキュー

〔1〕 ヒープの定義と特徴　　二分探索木を用いて最小値（または最大値）を見つけること

は $O(木の深さ)$ ででき，データの挿入も同様であるので，平衡二分探索木によって Enqueue，Min, DequeueMin を $O(\log n)$ で実現することができる．しかし，優先度付きキューに必要な作業は最小（または最大）値の探索であって，二分木の一般的な探索能力は不要である．本節の目的に特化した，より効率のよい二分木データ構造が**ヒープ**（heap）である．ヒープの例を図 4.14 に示す．この例から読み取れるように，ヒープにおけるデータ配置のルールは以下のとおりである．

「親頂点の優先度は子頂点の優先度よりも高いか等しい（数値が小さいか等しい）」

このデータ配置ルールによれば根頂点には常に最小値が配置されるので，最小値の参照（Min）は容易なことがわかる．そしてもう一つのヒープの重要な特徴は，データの追加と削除に伴う木の変形が図 4.15 のように規則的であることである．頂点の追加，削除は常に二分木の最下段の最後の右端（図の灰色の頂点位置）で行われるため，ヒープは常に完全二分木であり，二分木操作の処理時間を決める木の深さは，$\lfloor \log n \rfloor$ と最適となる．

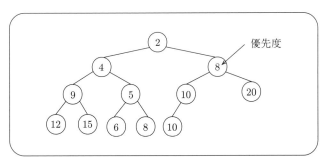

図 4.14 ヒープの例

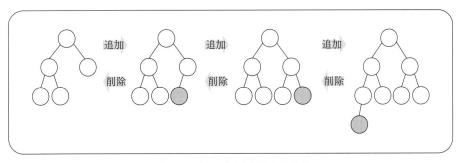

図 4.15 ヒープは常に完全二分木

ヒープへのデータの追加方法を，図 4.14 に 3 を追加する場合を例として説明する．データの追加によって，新たに追加される頂点の位置は図 4.16 の最下列右端に確定しているが，そこに新データを配置してよいかどうかは，親頂点と新データの大小関係で決まる．親頂点が追加するデータ 3 より大きくなければ，データをそこに配置し，大きければ（ヒープの条件

86   4. 二分木とその応用

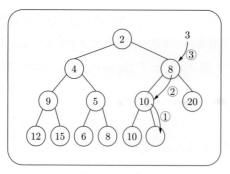 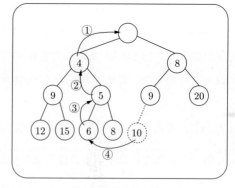

図 4.16　ヒープへのデータの追加（Enqueue）　　図 4.17　ヒープからの最小値の除去（DequeueMin）

を満たしていなければ），親頂点のデータを空き頂点に移動することで，空き頂点が上に移動する．図中の○番号は処理の順序を表している．この例では 10 と 8 が下に移動し，結果としてできた空き頂点に 3 が配置される．ヒープ操作の具体的なコード例については，リスト 4.4 に示すので，コードで理解したい読者はそちらを参照してほしい．

最小データの取除き（DequeueMin）は図 4.17 のように行われる．最小値が格納されていた根頂点は空になる一方で，ヒープ中の最後の頂点はなくなり，そこに格納されていたデータの新しい格納先を求める必要がある．空き頂点にデータが格納できるかどうかは，子頂点のデータとの大小関係で決まる．子頂点との大小関係が満たされない場合，存在する子頂点のうち，小さいものを上に移動することで空き頂点を移動させる．

Enqueue 操作は木を下から上に，DequeueMin 操作は上から下にたどって，いずれも停滞や後戻りがないため，作業量は木の深さに比例し，ヒープのバランスが理想的にとれていることから $O(\log n)$ となる．

〔2〕配列によるヒープの実装　　ヒープの形が図 4.15 のように常に規則的であることは，木の平衡が実現するだけでなく，さらなる実装上の利点にもなる．ヒープの各頂点は図 4.18 の頂点の左肩に示された番号の順で追加・削除されるので，この頂点番号を配列の添字と対応

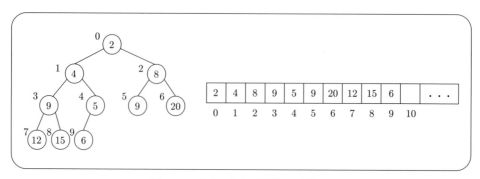

図 4.18　完全二分木の配列への埋込み

づけることで，ヒープ中のデータは配列中に連続的に格納できる．ただし，そのように配列に格納されたデータに対して，二分木の性質を生かした処理を行うためには，ある頂点の子頂点や親頂点を簡単に特定できなくてはいけない．子頂点の番号を得るルールは以下のような考察で導ける．例として図 4.19 の頂点 A の左子頂点 B が何番目になるかを考える．我々の定義によれば，頂点の番号とはその頂点よりも前に存在する頂点の数に他ならない．したがって図 (a) で曲線に囲まれた PreA に属する頂点の数が頂点 A の番号である．ここで PreA の各頂点の子頂点全体の集合を考えると，それは図 (b) で曲線に囲まれた集合となり，そこに含まれる頂点数は二分木の性質から明らかに PreA の頂点数の 2 倍である．さらにこの子頂点集合は，根頂点を例外として B の前に存在する頂点の集合と一致するので，以下のルールが導き出せる．

- i 番目頂点の左子頂点は $2i+1$ 番目
- i 番目頂点の右子頂点は $2i+2$ 番目
- i 番目頂点の親頂点は $\lfloor (i-1)/2 \rfloor$ 番目

さらに，データ数を n としたときに，データは 0 番目の要素から $n-1$ 番目の要素に隙間なく格納されているので，ある頂点に子頂点があるかどうかは子頂点の番号が n 未満であるかどうかによって判定できる．このため，配列によるヒープの実現においては，親子頂点を特定するためのポインタやデータの有効/無効を区別するフラグが不要である．リスト 4.4 は配列を用いたヒープの実装例である．

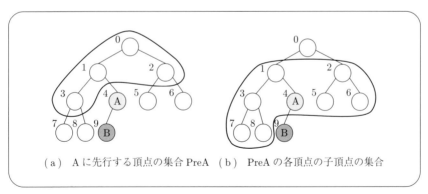

(a) A に先行する頂点の集合 PreA (b) PreA の各頂点の子頂点の集合

図 4.19 子頂点の番号

```
1  class PriorityQueue {
2
3      int* array;  // 動的配列を確保するためのポインタ
4      int  size;   // 配列の大きさ
5      int  ndata;  // 実際に格納されているデータの数
6
7    public:
8      PriorityQueue( int queue_size );
9      ~PriorityQueue( ) { delete [] array; };
10     int Min( ) const { return array[0]; }
```

88　　4.　二分木とその応用

```cpp
11      bool IsEmpty( ) const { return ( ndata <= 0 ); }
12      void Enqueue(int data);
13      void DequeueMin( );
14  };
15
16  PriorityQueue::PriorityQueue( int queue_size ) {
17      array = new int [ queue_size ];
18      size = queue_size;
19      ndata = 0;
20  }
21
22  void PriorityQueue::Enqueue( int data ) {
23      int parent;
24      int i = ndata; // 新しく追加される頂点の番号
25
26      while ( i > 0 ) {
27          parent = (int) ( ( i - 1 ) / 2 ); // 親頂点の番号
28          if( array[parent] > data ) {        // 親のデータが大きければ
29              array[i] = array[parent];       // 親のデータを移動
30              i = parent;
31          }
32          else
33              break;                          // ループを終了
34      }
35      array[i] = data;
36      ndata++;
37  }
38
39  void PriorityQueue::DequeueMin( ) {
40      assert( ndata > 0 );
41
42      int toBeMoved = array[ ndata - 1 ];   // 頂点が減るために移動が必要なデータ
43      ndata -- ;                            // データ数は一つ減る
44
45      int i = 0;   // 根頂点に着目
46      int leftChild = 2*i + 1;
47      int rightChild = leftChild + 1;
48
49      while( leftChild < ndata ) {    // 着目している頂点に左の子があるなら
50          int smallerChild = leftChild;
51          if( rightChild < ndata and array[rightChild] < array[leftChild] )
52              smallerChild = rightChild;          // 子のうち，値の小さいほうを選択
53
54          if( toBeMoved > array[smallerChild] ) { // 移動したいデータより子のデータが小さければ
55              array[i] = array[smallerChild];     // 子のデータを上に移動
56              i = smallerChild;
57          }
58          else
59              break;
60          leftChild = 2*i + 1;
61          rightChild = leftChild + 1;
62      }
63      array[i] = toBeMoved;   // 空き頂点にデータを移動
64  }
```

リスト **4.4**　ヒープの実装例

4.2.3　ヒープソート

3章ではさまざまなデータの整列方法を学んだが，本節で学んだ高速な優先度付きキュー

を使えば，もう一つの高速な整列アルゴリズムが実現できる．整列すべき n 個のデータをヒープに追加するのにかかる時間は $O(n \log n)$，小さい順に n 個取り出すのにかかる時間は $O(n \log n)$ であるので，n 個のデータを $O(n \log n)$ で整列でき，比較に基づく整列の最適なオーダーを実現している．ここではさらに，ヒープを用いた整列のためのさらなる最適化を紹介する．一般的な優先度キューの使い方とは違い，整列においてはすべてのデータが一度に与えられ，すべてのデータを Enqueue するまで DequeueMin は実行されない．この点をうまく利用すると，n 個のデータをヒープに登録する処理時間を $O(n)$ にできる．

具体例として，図 4.20（b）のように，整列すべき 12 個のデータが配列に格納されて与えられたとする．先に述べたヒープと配列の対応を採用すると，12 個のデータは図（a）のような二分木に格納されていると見なせるが，この段階ではデータの大小関係は不規則であり，ヒープとはなっていない．

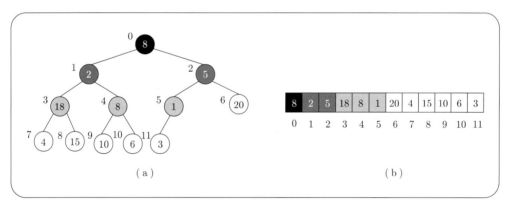

図 4.20 ヒープソートにおけるヒープの構築

通常のヒープは根頂点から始まって下に向かって成長するが，ヒープソートにおいては，まず全てのデータを二分木に（大小関係を考慮せず）配置した状態から初めて，以下のようにヒープを下から上に向かって構成していく．

1) 完全二分木の最下層，最右（配列の最後）から，頂点番号の逆順に頂点に着目する．
2) 着目する頂点とその子孫頂点のデータの大小関係に従ってデータを再配置し，着目頂点以下の部分木がヒープとなるようにする．

実際にこのアルゴリズムを適用しようとすると，作業の最初の約半分は全く必要がないことがわかる．なぜなら，図の例でいうと，配列末尾の白い頂点は子頂点がないため，それ自身単独で部分ヒープを成しており，データの再配置は必要ないからである．実際の作業は番号 5 の頂点から始めればよい（一般のデータ数 n の場合は $\lfloor (n-2)/2 \rfloor$ 番目から始めればよい）．図の例では，薄い灰色頂点（頂点番号 5〜3）の処理は最大 1 レベルの作業，濃い灰色（頂点番号 2 と 1）の処理は最大 2 レベル，根頂点の処理は最大 3 レベルにわたる作業が必要である．

一般のデータ数 n の場合に，このヒープ構築にかかる計算量をまとめると**表 4.1** のとおりとなり，計算量の総計については

$$\text{計算量の総計} < \frac{n}{4}\left(1 + \frac{2}{2} + \frac{3}{4} + \frac{4}{8} + \frac{5}{16} + \cdots\right) = \frac{n}{4}\sum_{i=0}^{\infty}\frac{(i+1)}{2^i} = n$$

が成り立つ．また，この総計算量が $O(n)$ であることは**図 4.21** によってもわかる．図には深さが 4 のヒープが描かれており，深さが 0 の頂点（根頂点）の処理に必要な比較・交換の最大回数が太い実線で示してある．太い点線は深さ 1，細い実線は深さ 2，細い点線は深さ 3 の頂点の，それぞれその処理に必要な計算量に対応している．深さ 4 の頂点については処理は必要ない．比較交換の総回数は頂点の総数を超えないことがわかる．

表 4.1　ヒープ構築の計算量

	データ数	最大処理レベル数	計算量
ステップ 1	$n/2$	0	$(n/2)*0$
ステップ 2	$n/4$	1	$(n/4)*1$
ステップ 3	$n/8$	2	$(n/8)*2$
ステップ 4	$n/16$	3	$(n/16)*3$
...			
ステップ $\log n$	1	$\log n - 1$	$1*(\log n - 1)$

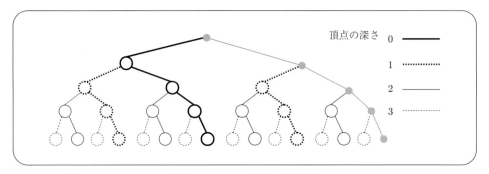

図 4.21　ヒープ構築の計算量

4.3　最近傍探索と kd-木

これまでの二分探索木の議論では，我々は離散的なキーを扱い，目的とするキーに一致するデータの探索を行ってきた．しかしながら現実の応用においては，位置，距離，時間，重量などといった連続的な量の探索も重要なテーマである．キーが連続的な値をとる場合，キーの

厳密な一致による探索は実用上の目的にそぐわないことが多く，一定の範囲を指定した**領域探索**（range search）や，目標に最も近いものを探す**最近傍探索**（nearest neighbor search）などが行われる．この節では，最近傍探索の簡単な例を紹介する．

4.3.1　最近傍探索

探索対象のキーが単に一つの実数値であり，キーの「近さ」がキーの差の絶対値で定義されるなら，最近傍探索は二分探索木を使ってリスト 4.5 のように実現できる．

```
void NearestSearch( double x, BinNode<double>* p, double d, double & nearest ) {
// Nearest_Search は x に最も近いデータを参照引数 nearest で返す
// 探索対象は p が指す二分探索木に格納されているものとする．最初の呼び出しでは d を無限大とする
    if ( p != NULL ) {
        if( d > distance( x, p->key ) {
            d = distance( x, p->key );
            nearest = p->key;
        }
        if( x < p->key ) NearestSearch( x, p->left,  d, nearest ); // どちらか一方のみ
        if( x > p->key ) NearestSearch( x, p->right, d, nearest ); // 探索すればよい
    }
}
```

リスト 4.5　1 次元の最近傍探索

5 行目の `distance` 関数は目標値 `x` と着目しているキー `p->key` との距離（1 次元の場合は差の絶対値）を返す．これまで見つかっている最も近いデータまでの距離 `d` よりも近くにデータが見つかった場合は，`nearest` と `d` を更新する．1 次元の場合は `x` と `p->key` の大小関係によって，左右部分木の一方を探索対象から除外できる（9 行目と次の 10 行目の判定条件は排他的である）ので，通常の一致探索同様に能率よく実行できる．

次にこの最近傍探索を 2 次元に拡張することを考える．図 4.22 には 2 次元平面にいくつ

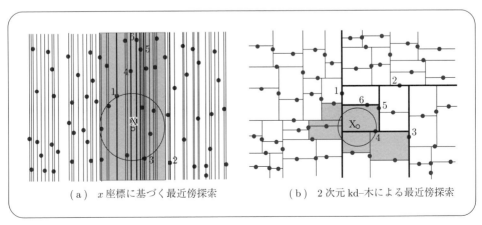

（a）x 座標に基づく最近傍探索　　　（b）2 次元 kd-木による最近傍探索

図 4.22　2 次元最近傍探索

92　　4. 二分木とその応用

かの点（黒丸）が置かれている．黒丸の中から目標となる点 X（白丸）に最も近い点を求めるのが 2 次元最近傍探索である．点の位置は二つの座標値によって与えられ，目標点 X の座標を (x, y)，探索の対象となる点（黒丸）P_i $(i = 1, \ldots, n)$ の座標を (x_i, y_i) とすると，X と P_i の距離は $\sqrt{(x - x_i)^2 + (y - y_i)^2}$ で決まる．

　ここで二分探索木を素朴にこの問題に適用することを考えてみよう．二分探索木はキーの間に大小関係が定義されれば実現できるので，例えば「位置の大小」を「x 座標値の大小」で定義してみることにする．その場合の探索プログラムはリスト 4.6 のようになる．

```
Class Point{ // Point クラスは 2 次元の座標を表現するクラスとする
    double x;
    double y;
    friend class BinarySearchTree;
};
// 二分探索木の key は Point クラスとし，key の順序は x 座標の大小によって決まるものとする
void BinarySearchTree::NearestSearch( Point target, Point & nearest ) {
    // target に最も近い点を nearest で返す
    double d = 無限大;
    NearestSearchXonly( target, root, d, nearest );
}
void BinarySearchTree::NearestSearchXonly( // d を参照引数にする必要がある
            Point target, BinNode<Point>* p, double & d, Point & nearest ) {
    if ( p != NULL ) {
        if( d > distance( target, p->key ) {
            d = distance( target, p->key );
            nearest = p->key;
        }
        if( target.x < p->key.x ) {
            NearestSearchXonly( target, p->left, d, nearest );
            if( target.x + d > p->key.x ) // 右部分木を排除できない場合がある
                NearestSearchXonly( target, p->right, d, nearest );
        }
        else {
            NearestSearchXonly( target, p->right, d, nearest );
            if( target.x - d < p->key.x ) // 左部分木を排除できない場合がある
                NearestSearchXonly( target, p->left, d, nearest );
        }
    }
}
```

リスト 4.6　効率の悪い 2 次元最近傍探索

　1 次元の場合との重要な違いは再帰呼び出しの条件判定に d（その時点で発見されている最近傍点からの距離）が含まれることである（21 行目と 26 行目）．d が小さくなれば，再帰呼び出しが一方のみで済むので，探索性能のオーダーは $O(\log n)$ になるが，d が大きいと再帰呼び出しが 2 行とも実行される確率が増えて，最悪の場合 $O(n)$ となる．また，d が参照引数であり，その値の更新が大域的に共有されることも重要な点である．図 4.22 (a) の番号 1 ～6 はこのような二分木探索において比較対象となる点とその順序の例を示しており，探索は 1 の右，2 の左，3 の左，4 の右，5 の左，6 の左と進むが，x 座標の近さが必ずしも距離の近さに反映されないことが見てとれる．二分木探索が末端まで進んで 6 との比較が行われた時点までに発見された最近傍点は 3 であるが，真の最近傍点はこの時点で確定できない．3

4.3 最近傍探索と kd–木　　**93**

よりも近い点を含む可能性がある図の灰色領域を探索するために，条件付きの再帰呼び出し
を実行する必要がある．

　2 次元の最近傍探索を行うためには，探索目標との距離を効率的に短縮できるような探索
木にする必要があり，その一つの方法に **kd–木**（k–dimensional tree）がある．kd–木は一
般に多次元の空間を分割する二分木構造であり，空間の座標をキーとして，空間中の点を探
索するためのデータ構造である．kd–木の一つのレベルにおいては，特定の座標成分の大小
によって空間が 2 分割される．分割の方向はレベルごとに変わり，n 次元の場合は n レベル
ごとに繰り返される．図 4.22（b）は 2 次元の kd–木より空間が分割される様子である．最近
傍探索に kd–木を用いれば，二つの方向を対等に扱うことができ，探索が進むとともに目標
点との距離が順調に縮まることが期待できる．2 次元 kd–木を用いた場合の探索プログラム
をリスト 4.7 に示す．

```
1   NearestSearch( Point target, Point & nearest ) {
2      double d = 無限大;
3      int level = 0;
4      NearestSearch( target, root, d, nearest, level );
5   }
6
7   NearestSearch(
8         Point target, BinNode<Point>* p, double & d, Point & nearest, int level ) {
9      if ( p == NULL ) return;
10
11     if( d > distance( target, p->key ) {
12        d = distance( target, p->key );
13        nearest = p->key;
14     }
15     if ( level % 2 == 0 ) { // 偶数レベルでは x 方向に分割されている
16        if( target.x < p->key.x ) {
17           NearestSearch( target, p->left, d, nearest, level+1 );
18           if( target.x + d > p->key.x ) // 右部分木が排除できない場合がある
19              NearestSearch( target, p->right, d, nearest, level+1 );
20        }
21        else {
22           NearestSearch( target, p->right, d, nearest, level+1 );
23           if( target.x - d < p->key.x )  // 左部分木が排除できない場合がある
24              NearestSearch( target, p->left, d, nearest, level+1 );
25        }
26     }
27     else { // 奇数レベルでは y 方向に分割されている
28        /* 省略 */
29     }
30  }
```

リスト 4.7　kd–木による 2 次元最近傍探索

　図 4.22（b）には kd–木による探索を行ったときに比較対象となる点の例を番号で示した．
探索は 1 の右，2 の下，3 の左，4 の上，5 の左，6 の下と進む．木の探索が末端まで進んだ段階
で発見されている最近傍点は 4 であるが，図の灰色部分にはそれよりも近い点が含まれている
可能性があり，リスト 4.7 の 19 行目，24 行目によって最近傍点を確定する必要がある．kd–
木では x 座標と y 座標を対等に扱うことにより，探索領域を自然かつ効率的に限定できる．

94　　4. 二分木とその応用

4.3.2　kd–木 の 構 築

　ここまでは，kd–木は何らかの方法で構築されていると仮定してその探索方法を説明した．木のバランスを考慮する必要がない場合の kd–木の構築は普通の二分探索木の構築と同様に行うことができる．しかし，AVL 木のように動的に kd–木のバランスを維持することは難しい課題であり，本書の守備範囲を越える．ここでは，探索対象データがすべて最初に与えられている問題において，バランスのとれた kd–木を構築する方法をリスト 4.8 に示す．

```
1  BinNode<Point>* Build_KdTree( Vector<Point> Ps, int level ) {
2  // Ps に点の集合が格納されているものとする
3
4     if ( Ps が点を含まない ) return NULL;
5     BinNode<Point>* tree = new BinNode<Point>( );
6
7     if ( Ps が一つしか点を含まない )
8         tree -> key = 残された一つの点;
9     else {
10        if ( level が偶数 ) {
11            Point median = Ps のうち，x座標の中央値をもつ点
12            tree-> key = median;
13            tree-> left = Build_KdTree( x座標が median より小さい点の集合, level + 1 );
14            tree-> right = Build_KdTree( x座標が median より大きい点の集合, level + 1 );
15        }
16        else {
17            //  x座標の代わりにy座標について同様の作業
18        }
19    }
20    return tree;
21 }
```

リスト 4.8　kd–木 の 構 築

　中央値の計算は，クイックソートの変形であるリスト 4.9 のような**クイックセレクト**で効率的に行うことができる．ただし，正確な中央値は必ずしも必要ないので，いくつか少数の点を抽出してその中の中央値をもって全体の中央値の近似とすることもできる．

```
1  int quick_select(vector<int>& a, int begin, int end, int rank )
2  // vector a の要素中 rank 番目に小さい要素を返す
3  {
4     assert( rank >= begin and rank <=end );
5     if( begin>=end ) return a[begin];
6     int pivot_idx = partition( a, begin, end ); // リスト 3.6 を参照
7     if( pivot_idx==rank ) return a[pivot_idx];
8     if( rank > pivot_idx )  // いずれか一方のみ再帰呼び出し
9         return quick_select( a, pivot_idx+1, end, rank );
10    else
11        return quick_select( a, begin, pivot_idx-1, rank );
12 }
```

リスト 4.9　クイックセレクト

本　章　の　ま　と　め　　**95**

本章のまとめ

❶ 二分木は幅広い分野に応用される基本的かつ重要なデータ構造であり，さまざまな処理を $O(\log n)$ で行うアルゴリズムの土台である．

❷ 二分木は，バランスがとれているときによい性能を発揮する．最もバランスがとれている二分木は完全二分木である．

❸ 二分探索木はキーに順序（大小関係）が定義されていることを前提に，キーの探索を効率よく行うデータ構造である．配列中に整列されたキーの探索とは異なり，キーの追加，探索，削除を任意の順序で行うことができる．

❹ AVL 木は木のバランスを維持する仕組みを取り入れた二分探索木である．

❺ プライオリティキューは，「データの追加」と「優先度が最も高いデータの取り出し」を任意の順序で行える抽象データ型であり，二分木を使用したヒープによって効率的に実現される．

❻ ヒープを使った効率的な整列アルゴリズムとしてヒープソートがある．

❼ 目標に最も近いデータを探す問題を最近傍探索と呼ぶ．2 次元以上の空間における最近傍探索を行う方法として kd–木がある．

●理解度の確認●

問 4.1 空の二分探索木にデータ列 5, 1, 0, 8, 4, 3, 6, 7 をこの順序で追加した結果を図示せよ．

問 4.2 前問でできた二分探索木から 5 を削除した結果を図示せよ．

問 4.3 以下のデータ配置ルールは二分探索木が従うべきルールとして不十分である．以下のルールに従っているが，二分探索木のデータ配置としては不適切な例をつくれ．
「左の子頂点データは親よりも小さく，右の子頂点データは親より大きい．」

問 4.4 深さ 6 の AVL 木のうち頂点数が最も少ないものの例を図示せよ．

問 4.5 頂点数が 30 である AVL 木の深さの上限を答えよ．

問 4.6 空の AVL 木にデータ列 0, 1, 2, 4, 5, 3 をこの順序で追加したときの AVL 木の変化を図示せよ．

問 4.7 空のヒープにデータ列 5, 1, 0, 8, 4, 3, 6, 7 をこの順序で追加した結果を図示せよ．

問 4.8 前問のヒープから最小値を取り除いた結果を図示せよ．

96　4. 二分木とその応用

問 4.9 リスト 4.4 の DequeueMin 中の 58 行目と 59 行目を削除することは間違いである．この間違いが結果に現れるようなテスト例をつくれ．

問 4.10 リスト 4.7 の 17 行目と 18, 19 行目の順序を入れ替えても探索は正しく行われる．この変更が性能面でどのような影響を及ぼすか，議論せよ．

5

ハッシュ表

　前章で学んだ二分木を用いたアルゴリズムでは，データの大小比較が重要な役割を演じていた．大小比較は 3 章の整列アルゴリズムにおいても重要な役割を演じていたが，その一方で，比較を用いない整列アルゴリズムもあることを学んだ．この章では探索問題においても同様に，比較に基づかない効率的な方式があることを学ぶ．比較によらない探索データ構造はハッシュ表と呼ばれ，二分探索木に劣らない性能と広い応用範囲を誇っている．

5.1 ハッシュ表の原理

3章で学んだバケットソートでは整列すべきデータを他のデータと比較することなく，キーをそのまま配列の添字として用いることで整列を実現した．探索においてもこのアイデアを当てはめてみよう．扱うキーが限られた範囲の整数（例えば0〜999）であればキーをそのまま配列の添字として図5.1のようにデータを登録することで探索データ構造を実現することができる．このデータ構造を用いた探索，挿入，削除はいずれも $O(1)$ で実行できるが，「キーが限られた範囲の整数である」という条件は，実際問題に適用する上で強過ぎる制限である．この章で紹介するハッシュ表 (hash table) は，キーが整数ではない場合や，整数であったとしても狭い範囲に限定されない（例えば 32 bit 整数全体が許されるような）場合にこのアイデアを拡張するものである．

ハッシュ表の概念は図 5.2 で表現できる．図 (a) のキー集合は「出現する可能性のある

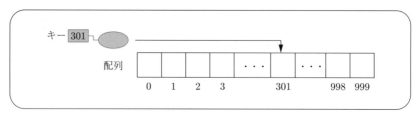

図 5.1　キーが狭い範囲の整数であるときの探索データ構造

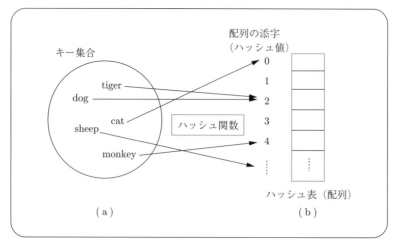

図 5.2　ハッシュ表

キーすべての集合」であって，その要素数は膨大であり，すべての要素に対して記憶領域を固定的には割り当てられないような集合である．例えば，キーを 10 文字のアルファベット文字列とした場合，キー集合の要素数はおよそ $26^{10} \fallingdotseq 1.4 \times 10^{14}$ となり，異なるキーごとに配列要素を割り当てることはできないであろう．一方，図 (b) の表はコンピュータの主記憶領域に収まる大きさの配列であり，ハッシュ表ではキーから配列の添字への変換を行うハッシュ関数（hash function）を定義することで，データを配列に格納する．ハッシュ関数の出力は**ハッシュ値**（hash value）と呼ばれる．ハッシュ関数の定義は原理的には「自由」であり，どんな定義をしてもよいが，同じキーに対しては必ず同じハッシュ値が出力されるように定義しなければならない．ハッシュ値が気まぐれに変動するとしたら，登録したデータを探索することはできなくなる．データの登録と探索に必要な作業は，ハッシュ関数の計算とその結果を用いての配列要素の読み書きであるから，ハッシュ関数の処理時間が $O(1)$ と仮定すれば，登録，探索の処理時間はいずれも $O(1)$ となる．

しかしながら，以上の説明はハッシュ表の原理の半面しか扱っていない．我々はまだハッシュ関数の具体的な定義について何も議論していないが，どのようなハッシュ関数を定義したとしても，キーの集合は極めて大きく，ハッシュ値の集合は比較的小さいのだから，この対応は必然的に多対一となる．図 5.2 の例では，tiger と dog は同じハッシュ値 2 に対応づけられている．異なるキーに対するハッシュ値が一致することをハッシュ値の**衝突**（collision）と呼び，衝突に対する対応を定義することでハッシュ表のアイデアは完結する．

5.1.1 分離チェイン法

ハッシュ値の衝突への対応方法は大きく二つに分類される．この節で紹介する**分離チェイン法**（separate chaining）は比較的率直，無難な実装であるが，適切にチューニングされた開番地法（後述）には速度面で劣ると考えられる．**図 5.3** は分離チェイン法の仕組みを表したものである．各ハッシュ値には複数のキーが対応する可能性があるため，配列要素として固定的なデータ構造ではなく，サイズが可変の連結リストを採用し，データの追加はハッシュ値に対応する連結リストに対して行われる．新たなデータはリストの先頭に追加すればよいので，連結リストが長くなってもデータ登録の性能は悪化しないが，データを探索するにはリストを線形探索しなければならないため，探索性能は連結リストの長さに比例して悪化する．連結リストの長さはハッシュ値の衝突確率に比例するので，ハッシュ関数は衝突確率がなるべく低くなるように設計されなくてはならない．後で登場する開番地法においてもこのことは同様なので，ここでハッシュ関数の設計指針について議論しよう．

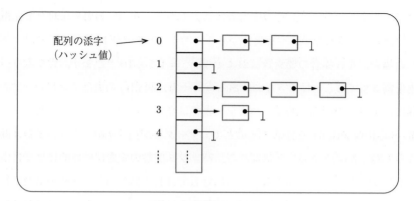

図 5.3 分離チェイン法

5.1.2 ハッシュ関数の設計

先に「ハッシュ関数の定義は自由である」と述べたが，例として「すべてのキーに対してハッシュ値 0 を返す」という単純なハッシュ関数は許されるであろうか？原理的に許されるものの，実用的な観点からはこのハッシュ関数を採用することはあり得ない．このハッシュ関数を使って分離チェイン法のハッシュ表をつくれば，すべてのデータは一つの連結リストに格納され，探索にはデータ数 n に比例した時間がかかってしまう．この極端な例からもわかるように，ハッシュ表の性能を良好に保つにはハッシュ値の衝突確率が低いことが必要であり，以下のように言い換えることもできる．

1. ハッシュ表が十分な大きさをもつこと．
2. ハッシュ値はハッシュ表の添字の範囲に一様に分布すること．

近年のコンピュータメモリの大容量化に伴い，十分な大きさのハッシュ表を確保することは比較的容易になっているが，偏りのないハッシュ関数を用意することは依然として重要な課題である．キーの発生確率は考える問題によってさまざまであるため，どんなときにもに一様なハッシュ値を発生する万能なハッシュ関数を用意することはできないが，ここではいくつかの例を議論することでハッシュ関数設計の注意点を示したい．

キーが一定 bit 長の整数であり，とりうるすべての値を等しい確率でとるなら，以下のハッシュ関数は適切である．

「キーをハッシュ表のサイズで割った余り」

しかし，キーが「ある範囲の整数値をランダムにとる」という仮定は広く適用されるものではない．仮に，何らかの事情でキーが「偶数値」しかとらず，かつハッシュ表のサイズが偶数であれば，上記のハッシュ関数を用いた場合，ハッシュ表の領域の半分は完全に無駄になる．

人間が直接扱う値には 10 進法の偏りが含まれていることもしばしばある．例えばクレジッ

トカード番号の下数桁は一様に分布していない．そのようなキーに対するハッシュ関数として，「10 のべき乗による剰余」を使用すると，ハッシュ表の領域が無駄になり，衝突確率が上がる．人間が扱う値に 10 進法の偏りがあるように，コンピュータ処理に合わせて設計されたシステムにおいては，2 進数の偏りが発生する危険性がある．「2 のべき乗の剰余」という選択肢は，不用意に用いるべきではない．

キーを 10 進数や 2 進数で表現したときの各桁の値に偏りがあるとしても，基数と互いに素な数による剰余をハッシュ値に採用すれば，ハッシュ値の偏りを避けることができる．一般に整数 a, b が互いに素であるならば $n = 0, \ldots, b-1$ に対して $an \bmod b$ は全て異なることが保証されるので，$10n$（n は整数）のような偏ったキーに対しても n の分布に偏りがなければ，10 と互いに素な m の剰余をとった $10n \bmod m$ は 0〜$m-1$ の範囲で一様な分布をすると期待できる．逆に，10 と互いに素でない数，例えば 15 の剰余を採用すると，以下の計算からわかるように常に 5 の倍数となり，偏りが残ってしまう．

$$10n = 5(2n) = 5\left\{3\left\lfloor\frac{2n}{3}\right\rfloor + (2n \bmod 3)\right\} = 15\left\lfloor\frac{2n}{3}\right\rfloor + 5(2n \bmod 3)$$

剰余の法として 15 を採用した場合と，素数である 13 を採用した場合の $10n$ のハッシュ値は**表 5.1** のようになり，mod 13 の結果が 13 通りの値をとるのに対して，mod 15 の結果は 3 通りの値しかとらない．

表 5.1　剰余の法の違いによるハッシュ値の例

$10n$	10	20	30	40	50	60	70	80	90	100	110	120	130	140	150
$10n \bmod 15$	10	5	0	10	5	0	10	5	0	10	5	0	10	5	0
$10n \bmod 13$	10	7	4	1	11	8	5	2	12	9	6	3	0	10	7

以上の議論から，ハッシュ関数として素数，または小さな因数を含まない整数による剰余を採用することは，考慮に値する選択肢である．

5.1.3　文字列キーに対するハッシュ関数

ハッシュ表を適用するにあたり，キーは整数である必要はなく，キーが何らかの写像でハッシュ値に対応できればよい．ここでは，実用上重要な例としてキーが文字列であるケースを議論しよう．文字列を数値に対応づける方法は無数に考えられるが，文字が計算機内部では文字コードという整数値で表現されていることは積極的に利用すべきだろう．例えば文字 'A'，'B'，'C' は多くの計算機システムでそれぞれ整数 65, 66, 67 に対応する．リスト 5.1 には四つのハッシュ関数の候補（`hash_A`〜`hash_D`）を示した．それぞれのハッシュ関数は `string key` を受け取り，ハッシュ値を返す．`key` の各文字は `key[i]` で取り出すことができ，文字を（`int`）で型変換することで，文字コードを整数値として取り出すことができる．

```
 1  int hash_A( string key ) { // table_size は 2^15 とする
 2      unsigned int hash = 0;
 3      for( int i = 0; i < key.size(); ++ i )
 4          hash += (int) key[i]; // (int) によって文字コード（整数）に変換し，加算する
 5      return hash % table_size;
 6  }
 7  int hash_B( string key ) { // table_size は 2^15 とする
 8      unsigned int hash = 0;
 9      for( int i = 0; i < key.size(); ++ i )
10          hash = ( hash << 5 ) + (int) key[i];
11          // オーバーフローはそのまま放置する．( 2^32 の剰余をとることに相当 )
12      return hash % table_size;
13  }
14  int hash_C( string key ) { // table_size は 2^15 とする
15      unsigned int hash = 0;
16      for( int i = 0; i < key.size(); ++ i )
17          hash = ( hash * 31 ) + (int) key[i];   // オーバーフローはそのまま放置する
18      return hash % table_size;
19  }
20  int hash_D( string key ) { // table_size は 32749 (= 2^15 に近い素数) とする
21      unsigned int hash = 0;
22      for( int i = 0; i < key.size(); ++ i )
23          hash = ( ( hash << 5 ) + (int) key[i] ) % table_size;   // 毎回剰余をとる
24      return hash % table_size;
25  }
```

リスト 5.1　ハッシュ関数の候補

ハッシュ関数の評価実験のためのキー文字列として，英語版 Wikipedia のタイトルから任意に選んだ約 1 000 個を採用し，それぞれのハッシュ関数によるハッシュ値の分布を図 5.4 のように得た．図の縦軸はハッシュ値，横軸は頻度である．

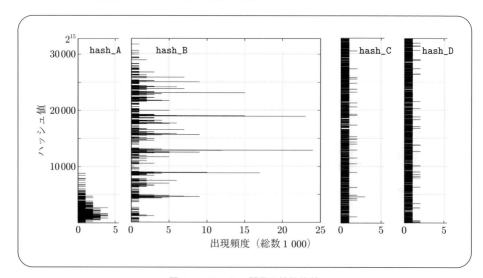

図 5.4　ハッシュ関数の性能比較

hash_A はキー文字列中の文字コードを単純に加算しているため，結果としてハッシュ値がごく小さい値に偏っている．このハッシュ関数では，ハッシュ表を大きくしてもその領域を有効に使うことができず，大規模なデータには対応できない．

hash_B では，文字の出現位置によってハッシュ値への寄与を変化させ，ハッシュ値の分布の範囲を拡大している．hash_A と比較して，ハッシュ値が広く分布していることがわかるが，その分布にはムラがあり，特定の値の出現頻度が高くなり，分布が粗な領域は利用されない．このハッシュ関数ではハッシュ値を左にシフトしながら文字コードを加算し，オーバーフローを単純に無視しているため，実はキー文字列の末尾 3 文字しかハッシュ値に寄与していない（それ以前の部分はハッシュ値を成すビット列の上位にシフトされて捨てられてしまう）．文字列を最後の 3 文字でしか区別しないとすれば，頻繁な衝突が起きることは当然の結果であるが，文字列に現れるパターンには偏りがあるために事態はさらに悪化する．図 5.4 の hash_B にはいくつかの鋭いピークが現れているが，最も高いピーク（頻度 24）は末尾が "ion" である文字列に対応しており，英文固有のパターンの偏りが現れている．

ハッシュ値が広い範囲に分布し，かつ文字列中のすべての文字がハッシュ値に寄与するように，hash_C では 5 ビットシフトする（32 倍する）代わりに 31 倍している．2 とは素な数を掛けることで，文字列の前方にある文字の寄与が簡単には消えないようになっている．結果として，ハッシュ値が広い範囲に満遍なく分布し，ほとんどのハッシュ値の出現頻度は 1 回以下となっている．hash_D はシフト演算はそのままにして，代わりに 2^{15} に近い素数（32 749）による剰余を採用している．hash_C と hash_D の工夫は図を見る範囲で同様の効果があるといえる．

5.2 開 番 地 法

5.2.1 開番地法の原理

分離チェイン法では，ハッシュ値の衝突への対応として，連結リストを用いて複数のデータを格納したが，配列に直接データを格納する場合と比較して，連結リストの処理は時間がかかる．あくまで配列要素にデータをそのまま格納する方針で衝突に対応するのが**開番地法**（open addressing）である．データが配列要素にそのまま格納されるとしたら，ハッシュ値が衝突したときに，後から登録されるデータを格納する場所がない．開番地法ではハッシュ値が衝突したときに使う**代替アドレス**（alternative location）を定義しておき，最初に見つかった空き場所にデータを格納する．代替アドレスの具体的な定義は後で議論することとし，ここでは何らかの単純な方式が与えられているものとする．

104　　5. ハ ッ シ ュ 表

　図5.5 は開番地法によるハッシュ表の模式図であり，図5.2のような状況を例として，データが格納される様子を示している．開番地法のハッシュ表は，基本的にキーと値（キー以外の項目）のペアを格納する単純な配列であり，この例では dog, cat, monkey がそのハッシュ値を添字として配列に格納されている．キーに対応する「値」は応用によってさまざまであり，ハッシュ表の動作説明においては重要な役割をもたないので，以降の説明では省略する．キー tiger は dog と同じハッシュ値2に対応しているため，添字2の配列要素に格納できない．ここでは tiger の代替アドレスが3であるとして，添字3に格納している．なお，代替アドレスが他のキーと衝突した場合は第2，第3，...の代替アドレスが必要になるので，代替アドレスは任意個数使えるように定義しておく必要がある．また，配列の中に有効なデータが書き込まれているのか，初期状態のままの無意味なゴミが存在しているのかを単純には判定できないので，開番地法では「データの有効/無効」を表す三つ目の状態欄を用意する．状態には，「無効/有効」の区別の他に後でさらに別の状態が追加される．

ハッシュ値	キー	値	状態
0	cat	ねこ	有効
1			無効
2	dog	いぬ	有効
3	tiger	とら	有効
4	monkey	さる	有効
5			無効
:			…
:			

図 5.5　開 番 地 法

　開番地法によるハッシュ表の実装例をリスト5.2以下に示す．（キー，値，状態）をまとめて扱うためのクラス HashEntry（5行目）を定義し，HashEntry の配列としてハッシュ表を実現している．データの有効/無効は HashEntry のメンバ status の値で判別されるが，status のとりうる値は enum EntryType（2行目）で定義されており，EMPTY は無効，ACTIVE は有効を意味する．簡単のために，例として key の型は string, value の型は int としている．ハッシュ関数の具体的な定義（26行目）は未定のままであるが，衝突が起きたときの代替アドレスを計算するための alt_addr 関数（27行目）の存在が，開番地法の特徴である．

5.2 開番地法　105

```cpp
class OpenAddrHash {
    enum EntryType { ACTIVE, EMPTY, ERASED }; // 列挙型 EntryType の定義
    // ACTIVE : 有効なデータ, EMPTY : 空, ERASED : 削除されたデータ

    class HashEntry { // key, value, status をセットで扱う
        string key;
        int value;
        EntryType status;    // status は ACTIVE, EMPTY, ERASED のいずれかの値をとる
      public:
        HashEntry( ){ status = EMPTY; };   // 最初は EMPTY 状態
      friend class OpenAddrHash;
    };

    HashEntry* table;        // HashEntry の配列を動的に確保するためのポインタ

    int       table_size;
    int       nempty;       // EMPTY 状態の HashEntry の数

  public:
    OpenAddrHash( int n );
    ~OpenAddrHash( ) { delete [] table; };
    bool Insert( string key, int value );
    bool Find( string key, int & value ) const;
    bool Erase( string key );
  private:
    int hash( string key ) const { /* 定義は未定 */ };
    int alt_addr( int h, int collision ) const { /* 定義は未定 */ };
};

OpenAddrHash::OpenAddrHash( int size ) {
    table_size = size;
    table  =  new HashEntry[table_size];
    nempty = table_size;
}

bool OpenAddrHash::Insert( string k, int v ) {
    if ( nempty <= 1 )
        throw " Hash table is full ";
    /* 開番地法ではハッシュ表のサイズ以上のデータを格納することはできない */
    int h = hash(k);
    int collision = 0;
    while ( table[h].status == ACTIVE  )   // ハッシュ値衝突時の処理
        h = alt_addr( h, ++collision );
    table[h].key = k;
    table[h].value = v;
    if ( table[h].status == EMPTY )
      nempty--;
    table[h].status = ACTIVE;
    return true;
}
```

リスト 5.2 開番地法によるハッシュ表

関数 Insert 中の「ハッシュ値衝突時の処理」（42 行目）が最も重要なポイントである．
alt_addr の第 2 引数 collision は最初は 0 で，衝突のたびに一つずつ増やして，空いて
いる場所を探す．ハッシュ値の衝突が起きたときに代替アドレスを使うルールは，データの
追加時だけでなく，探索時にも同様に考慮されなくてはならない．開番地法における Find
関数はリスト 5.3 のようになる．

106　5. ハ ッ シ ュ 表

```
1  bool OpenAddrHash::Find( string k, int & v ) {
2      int h = hash(k);
3      int collision = 0;
4      while ( table[h].status != EMPTY ) {
5          if( table[h].status == ACTIVE and table[h].key == k ) {
6              v = table[h].value;
7              return true;
8          }
9          h = alt_addr( h, ++collision );
10     }
11     return false;
12 }
```

リスト **5.3**　開番地法の Find

5.2.2　開番地法における削除

　あるデータを削除したいとき，まずそれを探索し，見つかればそれを取り除くが，開番地法における取り除きはどう行われるべきであろうか．状態を EMPTY にすればよいであろうか? 衝突が全く発生していない状態ではそれでよい．しかし，衝突が発生している場合，単にエントリを EMPTY にしたのでは不都合があることがわかる．例として図 5.5 を見てみよう．キー dog と tiger は同じハッシュ値 2 に対応しているものとし，tiger が後から登録されたために，代替アドレス（ここでは 3 とする）が使われているものとする．この状態で dog を削除しようとして，添字 2 の状態を EMPTY にしてまうと，キー tiger を探索しても見つからなくなってしまう．代替アドレスを考慮してデータを移動することも考えられるが，多くの場合，別の戦略がとられる．削除関数 Erase の例をリスト 5.4 に示す．ここではあるデータを消したいときに状態を EMPTY に戻すのではなく第三の状態 ERASED（消去済み）に設定して，Find が消去済みのエントリで停止しないようにしている．関数 Find の while 文中の if 文で，あえて table[h].status == ACTIVE を確認しているのは，この削除アルゴリズムを見通してのことである．

```
1  bool OpenAddrHash::Erase( string k ) {
2      int h = hash(k);
3      int collision = 0;
4      while ( table[h].status != EMPTY ) {
5          if( table[h].status == ACTIVE and table[h].key == k ) {
6              table[h].status = ERASED;
7              return true;
8          }
9          h = alt_addr( h, ++collision );
10     }
11     return false;
12 }
```

リスト **5.4**　開番地法の Erase

5.2.3 代替アドレス

ここで，衝突が起きた場合に用いる代替アドレスの具体的な定義について考えよう．一番単純な例は**線形走査**（linear probing）と呼ばれる以下の方式である．

第 n 代替アドレス $=$ (ハッシュ値 $+ n$) mod ハッシュ表のサイズ

平方走査（quadratic probing）と呼ばれる少しだけ複雑な以下のバージョンも使われる．

第 n 代替アドレス $=$ (ハッシュ値 $+ n^2$) mod ハッシュ表のサイズ

ハッシュ値に偏りがないと仮定すると，新たに追加するデータのハッシュ値が衝突を起こす確率はハッシュ表の**充填率**（load factor）

$$r = \frac{\text{EMPTY でないエントリ数}}{\text{ハッシュ表のサイズ}}$$

になるが，最初のハッシュ値が衝突した後に代替アドレスでも衝突が起きる確率の見積りは簡単ではない．しかしながら，理想的な方法で代替アドレスを用意したとしても，その衝突確率が r を下回ることは難しいので，それをもって衝突回数の下限は以下のように見積もることができる．

$i\ (\geq 0)$ 回の衝突の後に追加が成功する確率：$r^i(1-r)$

(衝突回数 $+ 1$) の期待値：$\displaystyle\sum_{i=0}^{\infty}(i+1)r^i(1-r) = \frac{1}{(1-r)^2}(1-r) = \frac{1}{1-r}$

図 **5.6** は，ランダムな整数キーをハッシュ表に追加したときの衝突回数を図示したものである．横軸は充填率 (r)，縦軸は 1 回のデータ挿入当りの衝突回数 $+1$ で，○ が線形走査を用い

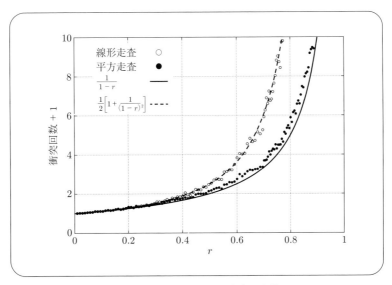

図 **5.6** 線形走査と平方走査の比較

た場合の実験値，● が平方走査の実験値である．図には上で見積もった理論的下限のグラフと線形走査についての理論的な見積り $(1/2)\left[1+1/(1-r)^2\right]$ のグラフを併せて示した（理論値の導出は文献 7) に譲る）．いずれの代替アドレスを用いても充填率 r が 1 に近づくと衝突回数が急激に増加するが，平方走査を用いると衝突回数が抑制できることがわかる．なお，線形走査ではハッシュ表のエントリを順にたどるので，ハッシュ表に EMPTY エントリが一つでもあるかぎり必ずデータの追加ができるが，平方走査ではハッシュ表のすべてのエントリを走査するとはかぎらないので，不用意なコードは無限ループに陥る可能性がある．しかし，ハッシュ表のサイズが素数であり充填率が 1/2 未満であるならば必ずデータの追加が成功することが証明できる（証明は文献 6) を参照）．ハッシュ表のサイズを素数にとり，充填率が 1/2 以上にならないように監視しながら平方走査を用いることは一つの選択肢である．

5.2.4　ハッシュ表の拡大

　これまで述べてきたように，ハッシュ表の性能は衝突確率に大きく左右される．ハッシュ値の衝突確率を抑えるためには適切なハッシュ関数の設計もさることながら，ハッシュ表のサイズが十分大きいことが大前提である．テーブルの充填率を $r =$ データ数/テーブルサイズ と定義し，ハッシュ値の分布が一様であると仮定すると，分離チェイン法では，連結リストの平均長さが r になるため，処理時間は追加，探索ともに r に比例する．開番地法では原理的に表の大きさ以上のデータを扱うことができず，追加，探索の処理時間の見積りは前項で行ったとおりであるので，充填率は 1 に比べて十分小さく抑えなければならない．

　多くの応用例では扱うデータの総量が事前にわからないことが多いので，ハッシュ表のサイズを必要に応じて拡大する，という戦略が用いられる．リスト 5.5 は開番地法のハッシュ表を「拡大」する関数 ExtendTable の例である．表の拡大・データ移行においては当然ハッシュ関数の定義も修正され，移行先での衝突も正しく考慮されなければならない．また開番地法の場合，消去済み（ERASED）のエントリは取り除かれるべきである．

```
1   void OpenAddrHash::ExtendTable( int new_size ) {
2       assert( new_size >= table_size );
3       HashEntry* old_table = table;
4       int old_size = table_size;
5       table = new HashEntry[ new_size ];
6       table_size = new_size;
7       for( int i = 0; i < old_size; ++ i )
8           if( old_table[i].status == ACTIVE )
9               Insert( old_table[i].key, old_table[i].value );
10              // 拡大後のテーブルにおける衝突処理は Insert が行う
11  }
```

リスト 5.5　ハッシュ表の拡大

☕ 談 話 室 ☕

ハッシュ関数と認証　ハッシュ (hash) とは「細かく切り刻む」という意味であり，入力のキーを切り刻むことで均一なハッシュ値を生み出すのがハッシュ関数の役目である．一方，キーを切り刻むことは，元のキーが何であるかわからなくなる，という特徴にもつながっている．この特徴を強めたハッシュ関数は**一方向ハッシュ関数**（one-way hash function）と呼ばれ，興味深い応用が可能である．

ネットショップサイトなど多くのインターネットサービスはパスワードによってユーザの正当性を確認しており，この確認作業は**認証**（authentication）と呼ばれる．しかしもともとインターネットは通信の秘密を守るようにつくられていない．いわば葉書による通信と同じで，その内容を第三者が読むことができるので，パスワードをそのまま送ると第三者に盗聴されてしまう．盗聴されているかもしれない通信手段を用いて，自分が正しいパスワードをもっていることを通信相手に信じてもらうには，どうしたらよいか．その問題に対する一つの答えが**チャレンジレスポンス認証**（challenge-response authentication）であり，そこには一方向ハッシュ関数が使われる．図 5.7 はチャレンジレスポンス認証の手順を示したものである．

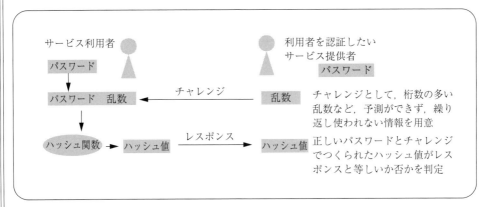

図 5.7　チャレンジレスポンス認証

サービスの提供者はまず，適当に選んだビット列を**チャレンジ**（challenge）として利用者に送る．利用者はチャレンジとパスワードを連結したものを一方向ハッシュ関数に入力し，その結果を**レスポンス**（response）として返信する．一方，サービス提供者は利用者の正しいパスワードを知っているので，同様な計算の結果を利用者の応答と比較することで，利用者を認証することができる．パスワードを知らなければ，正しいレスポンスを生成することができず，インターネット上を流れるチャレンジとレスポンスを

110　5. ハ ッ シ ュ 表

盗聴してもそれらからパスワードを逆算することはできない.

本章のまとめ

❶ ハッシュ表はキーの順序比較によらない探索データ構造であり,空間資源を活用して,二分探索木よりも優れた性能を出す可能性をもつ.理想的なハッシュ表はデータの登録,探索,削除をデータ量によらない計算量 $O(1)$ で実現する.

❷ ハッシュ表が性能を発揮するためには,ハッシュ表の大きさが十分大きいことと同時に,適切なハッシュ関数の設計が不可欠である.

❸ ハッシュ表においては,原理的にハッシュ値の衝突(格納領域の競合)が避けられない.衝突への対応方法として代表的なものに「分離チェイン法」と「開番地法」がある.

❹ 開番地法においては,衝突時に使う代替番地を定義する必要がある.また,データの削除は削除マークを付ける方法が一般的である.

❺ 実用上のプログラムにおいては,ハッシュ表の大きさを必要に応じて動的に拡大することが必要である.

●理解度の確認●

問 5.1 リスト 5.4 の 6 行目を v = table[h].status = EMPTY; とすることは誤りである.この誤りを確認するためのテスト例をつくれ.

問 5.2 二つの整数変数 x, y が,それぞれ 0〜9 の範囲の値をランダムにとるものとする.以下のハッシュ関数を,衝突確率が低い順に並べよ.

$$100 * x, \quad x + 10 * y, \quad (x + 10 * y)\%50, \quad (x + y)\%1000, \quad 0, \quad x\%5$$

問 5.3 ASCII 文字列を入力とする以下のハッシュ関数の値がどのように分布するか,適当な文字列集合を用意して実験せよ.また,このハッシュ関数が好ましくない理由を考察せよ.

```
1  int hash_E( string key ) { // table_size は 2^15 とする
2      unsigned int hash = 1;
3      for( int i = 0; i < key.size(); ++ i )
4          hash = hash * ( (int) key[i] ); // オーバーフローはそのまま放置する
5      return hash % table_size;
6  }
```

6

グ ラ フ

　知らない土地でも目的地への最適な経路を案内してくれるカーナビゲーションシステム，ここにもコンピュータ科学の成果が見事に応用されている．カーナビの内部では，地図上の地点とそれらを結ぶ道路がグラフとして表現され，地点間の最短経路を求めるグラフアルゴリズムが実行されている．この章ではグラフの概念とそれを使った各種のアルゴリズムを学ぶ．

6.1 グラフの表現と探索

コンピュータ科学における**グラフ**（graph）とは，図 6.1 のように，丸印で表されたいくつかの**頂点**（node）と，線分で表された二つの頂点を結ぶ**辺**（arc）からなる構造をもった図形のことをいう．

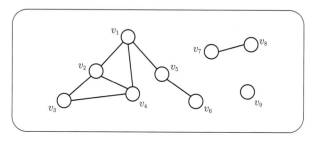

図 6.1 無向グラフの例

辺は任意の 2 頂点を結ぶことができる．頂点はどの頂点ともつながることができるが，全くつながらなくてもよい．木もグラフの一種である（この後の 6.2 節で説明する）．グラフは現実のいろいろな問題に応用されるが，最も身近なものは最短経路問題であろう．最短経路問題とは目的地までの最適な経路を求める問題で，カーナビの基本問題である．図 6.2 を見てほしい．頂点は地図上の「場所」に対応し，辺は場所と場所を結ぶ「交通路」に対応している．

ここで大事な概念をさらに二つ導入する．それは辺の**向き**と**重み**である．交通路は一方通行の場合があり，辺に矢印を付けることでそれが表現できる．矢印がない辺は両方向通行と

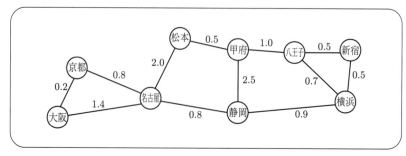

図 6.2 都市間交通路と最短経路問題

なる．矢印のない辺は**無向辺**（undirected arc），矢印のある辺は**有向辺**（directed arc）と呼ぶ．無向辺だけからなるグラフは**無向グラフ**（undirected graph），有効辺だけからなるグラフは**有向グラフ**（directed graph）と呼ぶ．図 6.1 と図 6.2 は無向グラフの例である．図 6.3 の左のグラフは有向グラフの例である．さらに各辺には**重み**（weight）という数値を付属させることができる．この重みの意味は考えている問題によって自由に解釈してよい．「最短経路」問題であるならば，文字どおり，辺の重みは「距離」になる．

以上から，グラフは頂点の集合 $V = \{v_1, v_2, \ldots, v_m\}$ と辺の集合 $E = \{e_1, e_2, \ldots, e_n\}$ を定めれば形が定まる．辺の重みを考える場合には，辺 $e_i \in E$ の重み $w_i \in R$（ただし R は実数の集合）を定める関数 $f : E \to R$ を指定する必要がある．また各辺 e は両端の頂点 $u, v \in V$ を指定しなければならない．有向辺の場合は，両端の頂点には**始点**と**終点**の区別があるので，通常は順序対 $\langle u, v \rangle$ を用いて指定する．$\langle u, v \rangle \in E$ の場合，頂点 v は u に**隣接**（adjacent）しているという．例えば，図 **6.3**（a）のグラフには有向辺 $\langle v_1, v_2 \rangle$ が存在し，v_2 が v_1 に隣接しているが，向きが逆の辺 $\langle v_2, v_1 \rangle$ は存在していない．無向辺には向きがないので $\langle v_1, v_2 \rangle$ と $\langle v_2, v_1 \rangle$ を区別する必要がない．他の文献では無向辺を "(v_1, v_2)" などのように区別して表記する場合も多いが，本章では表記を統一するために区別はしない．以下の $\langle v_1, v_2 \rangle$ が有向辺なのか無向辺なのかは，文脈から容易に判断できるので注意してほしい．以上より，図 6.1 の無向グラフは，$V = \{v_1, v_2, v_3, v_4, v_5, v_6, v_7, v_8, v_9\}$，$E = \{\langle v_1, v_2 \rangle, \langle v_1, v_4 \rangle,$ $\langle v_1, v_5 \rangle, \langle v_2, v_3 \rangle, \langle v_2, v_4 \rangle, \langle v_3, v_4 \rangle, \langle v_5, v_6 \rangle, \langle v_7, v_8 \rangle\}$ と書けることになる．

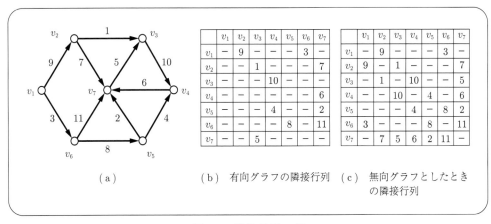

図 6.3 隣接行列の例

〔1〕**グラフの表現** 頂点と辺の集合をそのままの形でコンピュータの中に取り込むのは容易ではない．そもそもグラフが表現している内容は「頂点と頂点の接続情報」，すなわち隣接関係である．有向辺であれば辺の向きも同時に表現している．この頂点の隣接関係を最も率直に表現したものが**隣接行列**（adjacency matrix）である．図 6.3 に，左側の有向グ

ラフの隣接行列を真中に示した．隣接行列の行と列には，どちらもグラフの頂点が対応している．有向グラフの隣接行列は，頂点 v_i から頂点 v_j に重み w の有向辺が延びているときに，行列の v_i 行 v_j 列成分が w となっている．図 6.3 の右側の行列は，グラフの辺の向きを無視した無向グラフ（後述の図 6.6（a）参照）と考えたときの隣接行列である．重み成分が対角線の上下で必ず対称となることに注意してほしい．即ち，無向辺は向きが逆で重みが同じ二つの有向辺と同じ扱いとなっている．どちらの場合も v_i 行を走査すれば，v_i に隣接している頂点を全て列挙することができる．

ここで頂点間に「辺がない」ことを表す方法に注意しておく．辺の重みの値に制限がある場合には，その性質を利用して特別な値，例えば 0 や非常に大きな値，あるいは負数などで「辺がない」ことを表現することが多い．重みとして任意の実数を考える問題では，重みで表現することは難しいので，「辺の有無」を表現した別の行列を用意する場合がある．図 6.3 では，その詳細は検討しないことにして，− で辺の非存在を表現している．

隣接行列は直感的にもわかりやすく，取扱いも容易である．しかし，現実問題へ適用した場合には辺の非存在性を表す − が多くなりがちで，領域的な無駄が問題となる．図 6.3 の有向グラフでは，行列要素数が 49 に対して要素 − が 38 個もあり，全体の 77% を占めている．

頂点数が N のときに，辺数が N に近いグラフは，**疎なグラフ**（sparse graph）といわれる．これに対して辺数が N^2 に近いグラフは**密なグラフ**（dense graph）と呼ばれる．一般に，隣接行列は疎なグラフに対しては領域的効率が悪い．その改善策として**隣接リスト**（adjacency list）があり，実際に存在する辺の数に比例した記憶領域だけを使う．隣接リストは頂点ごとに用意された連結リストであり，リストには隣接頂点と辺の重みが格納される．隣接リストの例を**図 6.4** に示す．対象となる有効グラフは図 6.3 のグラフである．図 6.4（b）の構造は，辺の向きを無視したときの無向グラフ（図 6.6（a））の隣接リストである．隣接リストでは領域の使用効率は格段によくなり，隣接する頂点の列挙も効率よく行える．その一方で，指定された 2 頂点が隣接するか否かの判定には，リストをたどる必要が生じる．

〔2〕 **グラフの探索**　ある頂点を始点として，そこから到達可能な頂点への**経路**（path）を明らかにすることを**探索**（search）という．ここで経路とは，隣接している頂点の列 $v_{i_1}, v_{i_2}, \ldots,$ v_{i_k} のことである．例として図 **6.5**（a）の有向グラフを考える．頂点の列 v_1, v_2, v_3, v_4 は有向辺で隣接しているので経路である．一方で v_1, v_2, v_3, v_7 は，頂点 v_3 と v_7 の間の有向辺の向きが逆なので，経路とはならない．経路 $v_{i_1}, v_{i_2}, \ldots, v_{i_k}$ は，両端の頂点 v_{i_1} と v_{i_k} が等しいならば**閉路**（cycle）と呼ばれる．2 章では，木を探索する代表的な手法として深さ優先探索法と幅優先探索法を示した．これらはグラフにおいても同様に適用できる．ただし一般のグラフでは頂点へ至る経路は通常は複数あり，閉路も存在する．よって同一の頂点の重複探索を考慮する必要がある．Alg. 6.1 に幅優先探索の疑似コードを示すが，頂点の重複探索

6.1 グラフの表現と探索

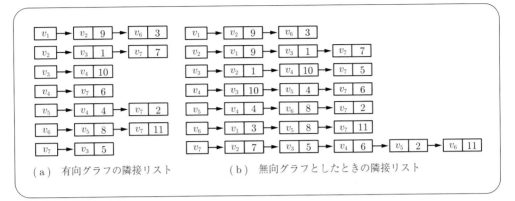

図 6.4 隣接リスト

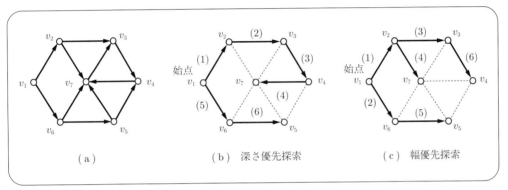

図 6.5 深さ優先探索と幅優先探索の例

Algorithm 6.1 グラフの幅優先探索

1: **procedure** BFS($\langle G, E\rangle$: 無向もしくは有向グラフ, $s \in V$: 始点) ▷ 幅優先探索
2:    始点 s を "探索済み" とマークし，キューに入れる；
3:    **while** キューが空でない **do**
4:       キューから頂点を取り出し，それを v とする； ▷ 頂点 v を訪問
5:       **for each** $w \in \{u \mid \langle v,u\rangle \in E\}$ **do** ▷ w は v の隣接頂点
6:          **if** w が "探索済み" とマークされていない **then** ▷ w はまだ未訪問
7:             w を "探索済み" とマークしてキューに入れる
8:          **end if**
9:       **end for**
10:    **end while**
11: **end procedure**

はシンプルに "探索済み" ラベルによって防止している．図 (b) は，始点を v_1 とする深さ優先探索の例であり，辺の番号は探索した順番である．図 (c) は幅優先探索の例である．

6.2 最小全域木問題

いくつかの都市間に通信ネットワークを整備する問題を考える．ネットワークを完成させるには，全ての都市が直接的または間接的に通信回線でつながっている必要がある．一方でネットワーク建設のための費用はなるべく低く抑えたい．各都市間に通信回線を敷設する費用の見積りが与えられたときに，最も安い費用でネットワークを完成させるにはどうしたらよいか？これは**最小全域（スパニング）木問題**（minimal spanning tree problem）の具体的な応用例である．図 **6.6**（a）は，いくつかの都市の間の通信回線敷設の費用の見積りの例であり，図（b）は全ての都市を最小のコストでつなぐ経路，すなわち最小全域木の例である．

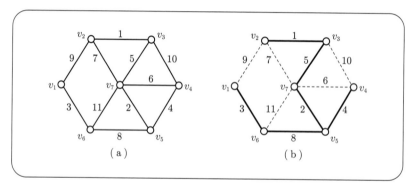

図 **6.6** 最小全域木の例

最小全域木問題を正確に理解するために，まず用語の整理を行う．まず，グラフ上の二つの頂点 v_i と v_j が**連結**（connected）しているとは，v_i と v_j を両端の頂点とする経路 $v_i, \cdots, v_j$ が存在する場合をいう．**連結グラフ**とは任意の2頂点が連結したグラフ，言い換えると，孤立した頂点がないグラフのことである．**木**とは，連結で閉路をもたない無向グラフである．**根**とは，木の頂点の中で一番上にあると考える頂点である．根をもつ木は**根付き木**と呼ぶ．根付き木において，辺で直接結ばれている二つの頂点は，根に近いほうを**親頂点**，遠いほうを**子頂点**と呼ぶ．子頂点をもたない頂点は**葉**と呼ばれる．2.5 節では木構造や根付き木を再帰的に定義した．この再帰的定義と本節のグラフ理論を用いた定義とは本質的に同じものである．

以上の準備の下で，連結無向グラフ $G = \langle V, E \rangle$ の**最小全域木** $T = \langle V', E' \rangle$ を，$V' = V$ かつ $E' \subset E$ なる木，即ち G の頂点全てを連結（**全域性**）する木で，E' の辺の重みの総和

が最小のものと定める．本節では，この最小全域木を求める問題を考える．以下では，G の無向辺の重みは必ず「正」であると仮定する．これより冗長な辺があれば重みの総和は最小にはなり得ないので，G の全域部分グラフで辺の重みの総和が最小のものは，必ず木になることが保証できる．

この計算問題は，**貪欲法**（greedy method）と呼ばれるシンプルな手法で解くことができる．辺の重みの総和をなるべく小さくしたいので，重みの小さい辺を採用することは自然である．そこで，あまり先のことは考えずに重みの小さい辺から順次採用するのが貪欲法である．新たに採用しようとする辺が冗長性を生む場合のみ，それを棄却する．一度採用した辺を後から取り消すことはしないため，時間計算量は単純に算出できる．以下では，貪欲アルゴリズムの代表的な例として**クラスカル法**（Kruskal method）を説明する．

〔1〕**クラスカル法** 未使用の辺の中から最小の重みの辺を採用して，連結成分を順次拡大していく手法である．図 6.6 のグラフに対する実行例を**図 6.7** に示す．計算途中では複数の連結成分が存在している．既に連結済みの二つの頂点を更に新しく別の辺で連結すると，冗長な路，すなわち閉路が生じる．よって閉路を生じない場合にかぎって辺を追加していく．「閉路が生じるか否か」の判定を効率的に行うためには工夫が必要となる．

図 6.7 では図 (e) から図 (f) に移る段階でいくつかの候補辺の棄却が起こる．まず，重み 6 の辺 $\langle v_4, v_7 \rangle$ を試すが，閉路が生じるので棄却される．次の重み 7 の辺 $\langle v_2, v_7 \rangle$ も同様

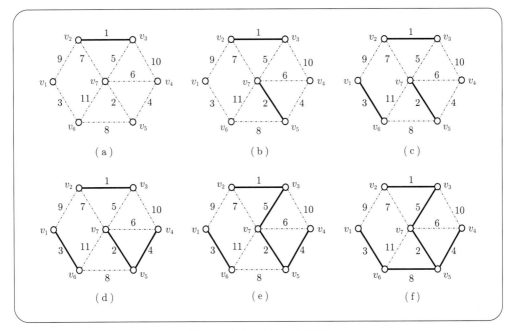

図 **6.7** クラスカル法の実行例

118　　6.　グ　ラ　フ

Algorithm 6.2 クラスカル法

1: **procedure** KRUSKAL($\langle V, E \rangle$: 無向グラフ)
2:　　　▷ MST: 最小全域木を構成する辺集合
3:　　E の辺を重みに従って昇順に整列し，その結果を $\langle u_1, v_1 \rangle, \langle u_2, v_2 \rangle, \ldots, \langle u_{|E|}, v_{|E|} \rangle$ とする；
4:　　$i \leftarrow 1;\ MST \leftarrow \emptyset$
5:　　**while** $|MST| < |V| - 1$ **do**
6:　　　　**if** $MST \cup \{\langle u_i, v_i \rangle\}$ が閉路を含まない **then**
7:　　　　　　$MST \leftarrow MST \cup \{\langle u_i, v_i \rangle\}$
8:　　　　**end if**
9:　　　　$i \leftarrow i + 1$
10:　　**end while**
11: **end procedure**

に棄却される．その次の重み 8 の辺 $\langle v_5, v_8 \rangle$ は閉路を生成しないので採用され，最終的に最小全域木が完成する．クラスカル法の手続きの概要を Alg. 6.2 に示す．

Alg. 6.2 の 6 行目の閉路の存在を判定する最も素朴な方法は，その時点の MST の辺からなる部分グラフ上で，頂点 u_i と v_i を連結する路の探索である．これは 6.1 節で紹介したグラフの探索を行えばよいが，MST の辺の本数に比例した時間がかかる．閉路の存在判定は最悪 $|E|$ 回繰り返されるので，全体として $O(|V| \cdot |E|)$ の時間が掛かり，かなり遅い．

クラスカル法では，閉路の判定計算に頂点 v が連結している頂点の集合 $S(v)$ を利用する．辺 $\langle v, u \rangle$ を新しく追加する場合に，$S(v)$ と $S(u)$ が同一であれば閉路が生じるが，同一でなければ閉路は生じないことを利用する．辺 $\langle v, u \rangle$ を追加すれば，$S(v)$ と $S(u)$ の各頂点は互いに連結されるので，$S(v)$ と $S(u)$ は一つの和集合 $S(v) \cup S(u)$ に合併（union）する必要がある．一方で，二つの集合 $S(v)$ と $S(u)$ の同一性の判定は，素朴に集合の要素を調べると最悪 $O(|V|)$ の時間が必要になり，経路探索を行う手法と同じになってしまう．そこで頂点集合 $S(v)$ と $S(v)$ にそれぞれの名前（識別子）を付け，その名前の同一性で判定することを考える．そのためには各集合 $S(u)$ の名前を効率よく同定（find）する必要がある．以上は **UNION–FIND 問題**（union–find problem）と呼ばれ，以下のように整理される．

〔**2**〕　**UNION–FIND 問題**　　$S_1, \ldots, S_k$ を互いに素な集合とし，以下の計算を考える．

　　union(S_i, S_j)：　和集合 $S_i \cup S_j$ をつくり，その名前を S_i あるいは S_j と定める．元の S_i と S_j は削除する．

　　find(v)：　v を含む集合名を出力する．

例 6.1　　$S_1 = \{v_1, v_6\}$, $S_2 = \{v_2, v_3\}$ と $S_5 = \{v_4, v_5, v_7\}$ とする．このとき，find(v_4) $= S_5$ であり，union(S_2, S_5) を実行すると，$S_1 = \{v_1, v_6\}$, $S_2 = \{v_2, v_3, v_4, v_5, v_7\}$ となり，S_5 は削除される．この後に find(v_4) を実行すると，find(v_4) $= S_2$ となる．

クラスカル法では，与えられたグラフの頂点集合 V に対して，初期状態として各頂点 $v_i \in V$ に対して $S_i = \{v_i\}$ をつくる（以下の INITIALIZE($|V|$) 操作）．その結果の $S_1, S_2, \ldots, S_{|V|}$

Alg. 6.2 の 4, 6, 7 行目の実装コード

4 $i \leftarrow i$; $MST \leftarrow \emptyset$; INITIALIZE($|V|$)
   ⋮
6-1 $su \leftarrow$ FIND(u_i); $sv \leftarrow$ FIND(v_i)
6-2 **if** $su \neq sv$ **then**
7    $MST \leftarrow MST \cup \{\langle u_i, v_i \rangle\}$; UNION($su, sv$);

に対して find, union を繰り返すことになる．この union, find などを用いれば，Alg. 6.2 の 4, 6 行目および 7 行目の実装コードは上のように具体化できる．

この union と find を効率的に計算するために，S_i を表現するいくつかのデータ構造が提案されているが，ここでは実装の容易性から，S_i の各要素を頂点とする根付き木を紹介する．図 6.8（a）は，図 6.7（d）に示した状態における S_1, S_2, S_5 を表す木の例である．根頂点に集合の名前 S_i を記録してある．find(v) の計算は，まず v を表す頂点を（索引などを利用して）見つけ，次に親をたどって根頂点に記録されている集合名を見つければよい．この場合，各頂点 v から根頂点までの経路が短いほど find(v) の計算は高速になる．そのため union(S_i, S_j) は $S_i \cup S_j$ を表す木の高さ[†]をなるべく低くなるように構成する．即ち，S_i と S_j の木の高さを比較し，低いほうの根頂点を高いほうの根頂点の子とすればよい．この場合，$S_i \cup S_j$ を表す木の高さは増加しない．二つの木の高さが同じ場合は，どちらかを他方の根頂点の子とする．この場合，木の高さは 1 だけ増加することになる．図 6.8（a）の S_2 と S_5 に対して union(S_2, S_5) を実行した結果が，図 6.8（b）の S_2 である．このとき S_5 は消去されている．これは図 6.7（e）の状態に対応している．更にこの状態で union(S_1, S_2) を実行すると

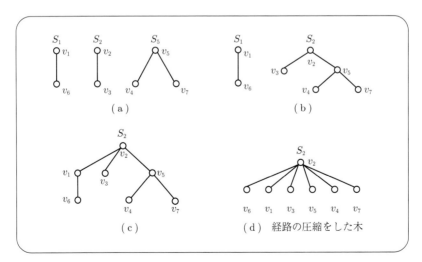

図 **6.8** 根付き木と路の圧縮の例

[†] ここでの**木の高さ**は，その木の最も深いところに位置する葉の**深さ**（2.4 節を参照のこと）である．

図6.8(c)に示した S_2 が生成され，これは図6.7(f)に対応している．

根付き木の上で必要となる操作は，find(v) では，頂点 v の発見と根頂点への移動である．union(S_i, S_j) では，二つの根頂点の同定と，片方を他方の子頂点とする操作である．これらの実現には，各頂点に対して親頂点への場所（ポインタ）を格納する配列を用意すればよい．与えられたグラフの頂点集合を V とするとき，まず，大きさ $|V|$ の配列 Sets を用意する．各部屋 Sets[v_k] には，頂点 v_k の親頂点の配列の部屋番号を格納する．便宜上，各頂点 v_k は正整数 k で表すものとする．頂点 v_k が根である場合には，Sets[v_k] には v_k を格納する．頂点集合 S_i の名前は，S_i を表現する木の根頂点と約束する．また union(S_i, S_j) の実行時には，S_i, S_j を表す木の高さ情報が必要になるので，各頂点の高さ情報を格納する大きさ $|V|$ の配列 Height も別に用意する．根付き木の配列表現の例を図6.9に示す．図6.8(a)，(b)，(c)に対応する Sets と Height の配列データを示している．以上の準備の下で，union と find は Alg. 6.3 に示した非常に簡単なコードで実現できる．

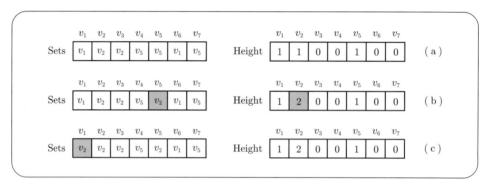

図 6.9 根付き木の配列表現

クラスカル法が最小全域木を正しく求めることは明らかと思われるので，アルゴリズムの正当性の証明は省略し，以下では時間計算量を考える．まず，3行目の辺の整列は $O(|E|\log|E|)$ で行える．$|E| \leq |V|^2$ であることに注意すれば時間計算量は $O(|E|\log|V|)$ となる．4行目の INITIALIZE($|V|$) の実行時間は明らかに $O(|V|)$ である．次に UNION の1回の実行は，根頂点の結合（一方の根頂点への親頂点番号の代入）であるので，$O(1)$ であり，UNION は $|V|$ 回しか繰り返さないので，全体で $O(|V|)$ である．FIND の1回の実行時間は最大で根付き木の高さ分であるが，その高さは $O(\log|V|)$ で抑え込める．これは，根付き木が，その高さを k とすれば必ず 2^k 以上の頂点をもつことと，$2^k \leq |V|$ であることから示すことができる．必ず 2^k 以上の頂点をもつことは，簡単な帰納法で証明できるので章末問題としておく．FIND の呼び出しは，最大でも $|E|$ 回しか起きないので，全体で $O(|E|\log|V|)$ となる．よってクラスカル法全体の最大時間計算量は $O(|V| + |E|\log|V|)$ となる．本節では対象のグラフは連結グラフに限定しているので，必ず $|V| \leq |E| + 1$ である．よって，クラスカル法の時間

計算量は $O(|E|\log|V|)$ と考えてよいことになる.

以上の FIND は,あと少し改良すれば平均時間計算量が $O(\mathrm{Ack}^R(|V|))$ まで下がることが知られている.$\mathrm{Ack}^R(n)$ はアッカーマン関数の逆関数といわれるもので,n に対して非常にゆっくり増加し,$n = 2^{128}$ 程度の値に対しても $\mathrm{Ack}^R(n) \leqq 4$ となる.最新のインターネットプロトコル V6 の IP アドレスのビット長は 128 であるので,2^{128} という数は,現在考えられる人工的なネットワークの頂点数の最大値と考えることができる.よって「現実的な問題の全てにおいて FIND は定数時間で実行できる」といってよい.この場合のクラスカル法の計算量は 3 行目の辺の整列作業に支配されることになる.よって整列にバケットソートなどを用いれば,$O(|E|)$ で最小全域木を求めることができることになる.

上の「あと少しの改良」とは**経路の圧縮**(path compression)と呼ばれる手法である.$\mathrm{FIND}(v)$ を実行する場合に,v から根頂点にたどるまでに現れる全ての頂点を,根頂点の直接の子頂点にしてしまう.こうすると,新しく根頂点の子になった頂点に対して,次に FIND を行うときに非常に高速に計算できるようになる.図 6.8 (d) の根付き木は,図 (c) に示した木に対して路の圧縮を行った結果である.これは図 6.7 の実行例の図 (e) の状態から図 (f) を得る過程で,辺 $\langle v_4, v_7 \rangle$,$\langle v_2, v_7 \rangle$,$\langle v_5, v_6 \rangle$ を順に試していく段階で実行される $\mathrm{FIND}(v_4)$,$\mathrm{FIND}(v_7)$,$\mathrm{FIND}(v_6)$ により生成できる.Alg. 6.3 の FIND 手続きの修正も容易である.すなわち **while** ループで順次求めていく頂点番号 tmp をスタックなどに全て覚えておき,FIND

Algorithm 6.3 UNION–FIND 手続き

1: **procedure** INITIALIZE($|V|$: 頂点集合の大きさ)
2:   **for** i **from** 1 **to** $|V|$ **do**
3:    $\mathrm{Sets}[v_i] \leftarrow v_i$; $\mathrm{Height}[v_i] \leftarrow 0$ ▷ 親節点と高さデータの初期化
4:   **end for**
5: **end procedure**

6: **procedure** UNION(v_i, v_j: 頂点集合 S_i, S_j の名前)
7:   **if** $\mathrm{Height}[v_i] > \mathrm{Height}[v_j]$ **then**
8:    $\mathrm{Sets}[v_j] \leftarrow v_i$
9:   **else if** $\mathrm{Height}[v_i] = \mathrm{Height}[v_j]$ **then**
10:    $\mathrm{Sets}[v_j] \leftarrow v_i$; $\mathrm{Height}[v_i] \leftarrow \mathrm{Height}[v_i] + 1$
11:   **else**
12:    $\mathrm{Sets}[v_i] \leftarrow v_j$
13:   **end if**
14: **end procedure**

15: **function** FIND(v_i: 頂点)
16:   $tmp \leftarrow v_i$
17:   **while** $\mathrm{Sets}[tmp] \neq tmp$ **do**
18:    $tmp \leftarrow \mathrm{Sets}[tmp]$ ▷ 親頂点への移動
19:   **end while**
20:   **return** tmp
21: **end function**

の終了時に，スタックから順次取り出して，配列 Sets 中の親頂点データを根頂点（**return** で返す頂点番号）に書き換えればよいだけである．

6.3 最短経路問題

最短経路問題（shortest path problem）の応用例は，文字どおりの「最短距離」問題にはかぎらない．実際の問題に適用するとき，辺の重みに何を対応させるかは自由である．重みに「時間」を対応づければ「最短時間」を，「費用」を対応づければ「最小費用」を扱うことができる．普通は，余計な経路を通ることで距離，時間，費用が減少するとは考えにくいため，通常は「重みの値はすべて正」と仮定することが多い．重みが「負」になる可能性がある場合，最短経路問題の性質は大きく変わることに注意する必要がある．

カーナビの経路検索においては始点と終点が指定されて，それらを結ぶ最適経路を求めることが目標となるが，ここでは，以下のような 3 種類の問題設定を考える．

(1) 始点を固定し，全ての頂点への最短経路を求める（単一始点問題）．
(2) 全ての頂点対について最短経路を求める（全点対問題）．
(3) 始点と終点を特定して最短経路を求める（単一点対問題）．

単一始点問題の例を図 **6.10** に示す．無向グラフ (a) において始点を v_1 としたときの各頂点への最短経路を図 (b) で太線で示してあり，その最短経路の長さを頂点内に示してある．

本節では，まず単一始点問題に対するダイクストラのアルゴリズムを解説した後，辺に負の重みをもつ場合を取り扱うベルマン・フォード法を簡単に紹介する．ダイクストラ法は貪欲法に基づく手法であり，ベルマン・フォード法は動的計画法に基づく手法である．最後に，

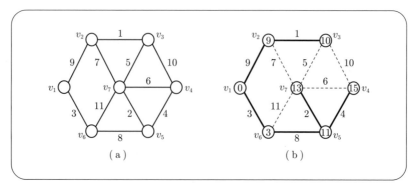

図 6.10 最短経路問題の例：単一始点問題

6.3 最 短 経 路 問 題　　**123**

巨大グラフ上の最短経路問題を解くために，ダイクストラ法を単一点対問題向けに改良した
A^* アルゴリズムを紹介する．全点対問題に対してはワーシャル・フロイド法という動的計
画法に基づく著名な手法があるが，解説は他書に譲ることとする．

6.3.1 単一始点問題：ダイクストラ法とベルマン・フォード法

　ダイクストラ法（Dijkstra method）は最も有名な最短経路探索アルゴリズムである．こ
れも貪欲法に基づく手法であり，始点に近い頂点から順番に最短経路を確定する．辺の重み
は全て非負であると仮定している．ある頂点の最短経路を確定すると，その頂点に隣接する
未確定頂点に対して，改めて始点からの累積距離を再計算する．その結果に基づいて次に近
い頂点への最短経路を確定する．図 6.10 に対する計算例を図 **6.11** に示す．太い実線は最短
経路が確定した経路と頂点を示し，太い破線は次に最短経路となる候補辺と頂点を，2 重丸は
新しく最短経路を確定した頂点を示している．頂点内の数字はそこまでの経路の長さである．

(1) 始点 v_1 から v_1 自身への最短経路は自明である（図 (a)）．v_1 に隣接する頂点のうち，
辺の重みが最も小さい頂点 v_6 は経路長 3 の最短経路が確定できる．なぜなら，辺の重
みは正なので，他の頂点を経由すれば必ず 3 以上になるためである．もう一つの頂点 v_2
には，v_6 を経由すれば，直接行くよりも短くなる可能性が残っている．

(2) 最短経路が確定した v_6 に隣接する未確定の頂点（破線）への最短距離を，新しい経路
も考慮して再計算する（図 (b)）．その中で距離が最小のものが，新たな最短経路として
確定できる．この例では v_2 への最短経路が確定する．次は，v_2 に隣接する未確定の頂
点への最短距離を同様に再計算する（図 (c)）．v_7 への最短距離は，v_2 を経由すると v_6
を経由するよりも大きくなるので変更されない．

(3) 上のような作業を繰り返し，始点から各頂点への最短経路を一つずつ確定していく．
図 (e) で v_5 への最短経路が確定した後の再計算により，v_7 への経路が，図 (d) までの
v_6 を経由するものから，v_5 を経由する経路に変更されていることに注意してほしい．同
様にして，v_4 への経路も，v_3 経由から v_5 を経由する経路に変更されている．

　ダイクストラ法の疑似コードを Alg. 6.4 に示す．グラフは隣接行列または隣接リスト Ad
で表されていると仮定する．頂点 u と v の間の辺がない場合は $Ad[u,v]=0$，重み w の辺が
存在する場合は $Ad[u,v]=w$ となっていると仮定している．

　Alg. 6.4 では，配列 $Dist$ と $Pred$ を用いて，最短経路情報の更新を行っている．$Dist[v]$ に
はその時点での頂点 v への最短経路長，$Pred[v]$ にその最短経路上の v の直前の頂点が格納
されている．図 6.11 の実行例での $Dist$ と $Pred$ のデータの変化を図 **6.12** に示す．状態 (e)

124 6. グ ラ フ

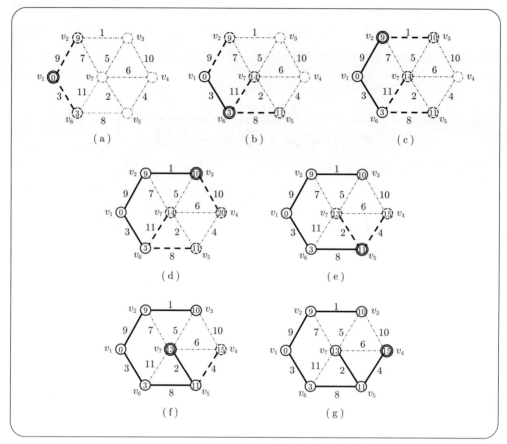

図 **6.11** ダイクストラ法の実行例

Algorithm 6.4 ダイクストラ法

1: **procedure** Dijkstra(*Ad*: グラフ $G = \langle V, E \rangle$ の隣接行列または隣接リスト, $s \in V$: 始点)
2:    ▷ *Dist*: 大きさ $|V|$ の配列で, s からの各頂点 v への経路長を格納する
3:    ▷ *Pred*: 大きさ $|V|$ の配列で, 各頂点 v への経路上の v の直前の頂点を格納する
4:    ▷ *Open*: 最短経路が未確定である頂点集合
5:    **for each** $v \in V$ **do**
6:       $Dist[v] \leftarrow \infty$; $Pred[v] \leftarrow$ "無"   ▷ 作業領域の初期化
7:    **end for**
8:    $Open \leftarrow V$; $Dist[s] \leftarrow 0$ ▷ *Open* の初期化と始点の設定
9:    **while** $Open \neq \emptyset$ **do**
10:       $u \in Open$ で $Dist[u]$ が最小の頂点 u を選ぶ;   ▷ 最短経路と頂点を新しく一つ確定
11:       $Open \leftarrow Open - \{u\}$;   ▷ 最短経路が未確定な頂点集合の更新
12:       **for each** u に隣接する各頂点 v **do**
13:          **if** $Dist[v] > Dist[u] + Ad[u, v]$ **then**   ▷ 既存経路と u を経由した場合との経路長の比較
14:             $Dist[v] \leftarrow Dist[u] + Ad[u, v]$;   ▷ より短い u を経由した経路長へ更新
15:             $Pred[v] \leftarrow u$ ▷ u を経由するより短い経路へ更新
16:          **end if**
17:       **end for**
18:    **end while**
19: **end procedure**

6.3 最短経路問題　　125

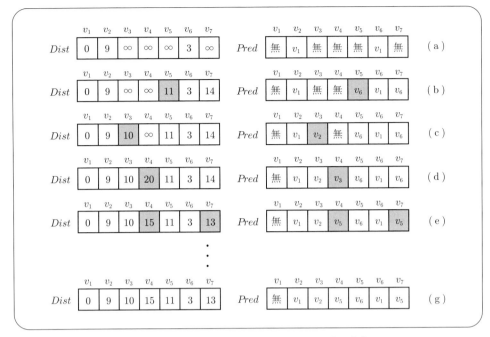

図 **6.12**　各頂点への最短経路長と直前の頂点の変化

以降は $Dist$ と $Pred$ の修正は起こっていない．$Open$ は 10–11 行目で経路長最短の頂点が選択，削除されて順次縮小していく．最終的な各頂点への最短経路は，状態（g）の $Pred$ を用いて直前の頂点をたどって求めることができる．

　ダイクストラ法は基本的にグラフの幅優先の探索を行っており，その探索の原理を図 **6.13** に示した．図 6.13 の左半分は既に最短経路が確定済みの頂点であり，右側が未確定の頂点である．これからわかることは，10 行目で選択される $Open$ の中の経路長最短の頂点には，その後の探索でもっと短い経路が見つかる可能性はないことである．また経路の更新は，新し

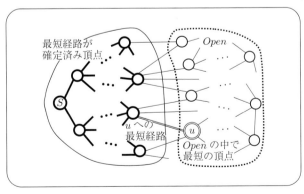

図 **6.13**　ダイクストラ法の基本原理

126　　6. グ ラ フ

く最短経路が確定した頂点の隣接頂点だけを対象とすれば十分であることも明らかである．以上に注意すれば，ダイクストラ法が各頂点への最短経路を正しくかつ必ず求めることは，直観的には明らかであるので，これ以上の厳密な証明は他書に譲ることとする．

　ダイクストラ法の最大時間計算量を考察する．5 行目の **for** ループは明らかに $O(|V|)$ となる．9 行目からの 2 重のループ構造の時間計算量は，まず $Open$ を素朴に集合としてそのまま保持した場合を考える．10–11 行目の $Open$ に関する作業には $O(|V|)$ の時間がかかる．13–15 行目の $Dist$ の更新処理は $O(1)$ で実行でき，12 行目の **for** ループでは最大 $|V|$ 回繰り返す．外側の **while** ループは $|V|$ 回繰り返すので，全体の時間計算量は $O(|V|^2)$ となる．最短経路を求めるためには，一般には，グラフの全ての辺を一度は調べる必要性があると思われ，どのようなアルゴリズムでも $O(|E|)$ 程度の計算量は必要になる．密なグラフは $|E| = O(|V|^2)$ となるので，ダイクストラ法は密なグラフに対してほぼ最善な手法と考えられる．

　$Open$ をヒープで保持すれば，10–11 行目の経路長最小の頂点を $Open$ から選出，消去する作業は $O(\log |V|)$ で行える．13–15 行目の $Dist$ の更新処理はヒープの修正が必要となるので，1 回の処理に $O(\log |V|)$ ほど必要である．13–15 行目の処理は，見方を変えるとグラフの辺に対して行う処理であるので，Ad を隣接リストにすれば，その総実行回数は最大で $O(|E|)$ となる．8 行目のヒープ化の作業は $O(|V|)$ の手間で行えるので，結果として全体の時間計算量は $O(|E| \log |V|)$ で抑え込める．よって辺の数が $|E| = O(|V|)$ 程度の疎なグラフを対象とする場合，$Open$ をヒープで保持することで，より高速な処理が可能になる．

〔**1**〕　**辺の重みが負にもなる場合の解法**　　負の重みを扱う手法としては，ベルマン・フォード法（Bellman–Ford method）がよく知られている．負の重みを許すと，辺の重みの総和が負の閉路（**負閉路**）が生じる場合がある．この場合，負閉路を繰り返したどれば経路長はいくらでも小さくなるので，最短経路が存在しない．ベルマン・フォード法は，グラフに負閉路が存在すればそれを報告し，存在しない場合には各頂点への最短経路を発見する．

　ベルマン・フォード法は動的計画法の一種であるが，一見するとダイクストラ法と似ている．概ね，ダイクストラ法の 9–18 行目の **while–for** ループを Alg. 6.5 の 2 重 **for** ループに置き換えたものと考えればよい．負閉路が存在しない場合，最短経路上には同一の頂点は出現しない．これに着目して，辺の数が $|V| - 1$ 個以下の全ての経路の長さを調べている．外側 **for** ループの i 回目で，各 $Dist[v]$ に，始点 s から頂点 v への経路で辺の数が i 個以下の経路の長さの最小値が計算されている．ダイクストラ法では，内側 **for** ループで最短経路が確定した頂点の隣接頂点の距離だけを更新するが，ベルマン・フォード法は内側の **for** ループで全ての辺を用いて $Dist$ を更新している．最短経路は全ての計算が終了するまで確定しない．ベルマン・フォード法の時間計算量は $O(|V| \cdot |E|)$ である．

Algorithm 6.5 ベルマン・フォード法の中核部分

```
for i from 1 to |V| − 1 do
    for each ⟨u, v⟩ ∈ E do
        if Dist[v] > Dist[u] + Ad[u, v] then      ▷ 既存経路と u を経由した場合との経路長の比較
            Dist[v] ← Dist[u] + Ad[u, v];          ▷ より短い u を経由した経路長へ更新
            Pred[v] ← u                            ▷ u を経由するより短い経路へ更新
        end if
    end for
end for
if Dist[v] > Dist[u] + Ad[u, v] なる辺 ⟨u, v⟩ ∈ E が存在する then    負閉路の存在を報告する
end if
```

6.3.2 単一点対問題：Ａ*アルゴリズム

前節では単一始点問題に対するダイクストラ法を紹介したが，より限定された単一点対問題に対しては，実は，ダイクストラ法よりも効率のよい厳密解法は見つかっていない．人工知能などでは頂点の数が 2^{100} を超える状態空間グラフ上で目標頂点への最短経路を探すことが通常である．2^{100} とは，おおよそ 1 兆（$\approx 2^{40}$）× 100 京（$\approx 2^{60}$）という巨大数である．このような場合，ダイクストラ法では性能的に不十分である．本節ではダイクストラ法を発展させ，単一点対問題を効果的に解く**ヒューリスティック近似解法**を紹介する．

単一点対問題では終点も指定されるが，ダイクストラ法は終点に関する情報は全く利用していない．そこで探索途中の頂点から終点までの距離に関する情報も利用して，探索の効率化を図る．すなわち $\widetilde{d}(v)$ を始点から頂点 v までの最短距離，$\widetilde{h}(v)$ を v から終点までの最短距離とするとき，その和 $\widetilde{sum}(v) = \widetilde{g}(v) + \widetilde{h}(v)$ を用いた貪欲法で，頂点 v からの最短経路を探索することを考える．

例として**図 6.14**(ａ) を考える．頂点 v_1 が始点であり v_4 が目標とする終点である．このとき，各頂点 v_i に対して $\widetilde{h}(v_i)$ の値が事前に正確にわかるのであれば，非常に簡単な計算だけで終点への最短経路を求めることができる．例えば，始点 v_1 に隣接する v_2 と v_6 から終点 v_4 への最短経路長が，$\widetilde{h}$ 関数の計算だけで $\widetilde{h}(v_2) = 11$ と $\widetilde{h}(v_6) = 12$ であることがわかるとする．この場合，v_2 を経由した場合の始点からの終点への最短長が $\widetilde{sum}(v_2) = 9 + 11 = 20$，$v_6$ を経由する場合は $\widetilde{sum}(v_6) = 3 + 12 = 15$ となるので，最短経路は v_6 を経由するものと確定できる（図(ｂ)）．v_6 以下につづく頂点も同様にして求めることができるので，最短経路は実質的なグラフ探索を全く行わないで決定することができる．

残念ながら，実際の問題では終点までの正確な距離を「探索を行わずに求める」ことは不可能である．ただ，何らかの近似値 $h(v)$ は利用できることは多い．例えば，地図上の 2 点

128　　6. グ　ラ　フ

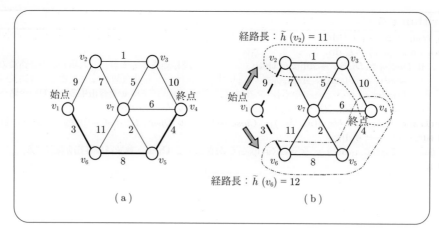

図 **6.14**　単一点対最短経路問題と予測関数 $\tilde{h}$

間の最短の道路経路長は，その 2 点間の直線（ユークリッド）距離で近似できる．この近似関数 $h(v)$ を用いてダイクストラ法を改善したのが **A* アルゴリズム**（A* algorithm，"A スター"と読む）である．$h(v)$ は**ヒューリスティック関数**（heuristic function）と呼ばれる．

疑似コードを Alg. 6.6 に示す．コード中の T は，探索対象として選択された頂点 v の情報を表す 3 項組 $\langle v, sum, pre \rangle$ の集合である．sum は v を経由する始点 s から終点 t までの暫定的な最短経路長，pre はその経路上の v の直前の頂点である．疑似コード中では，$sum(v)$ と $pre(v)$ でそれぞれ T 中の 3 項組 $\langle v, sum, pre \rangle$ の sum と pre を表すものとする．

頂点数が 2^{100} を超える巨大なグラフを扱う場合，グラフ全体の情報を隣接行列などの形で明示的にプログラムに渡すことは，現実的には不可能である．人工知能などの分野では，巨大な状態空間グラフの探索は，指定された状態（頂点）の次の状態（隣接頂点）だけを計算によって随時求める手法をとることが多い．例えば将棋や囲碁のプログラムにおいては，全ての盤面を事前に計算して配列などに格納することは不可能なので，現在の盤面に対して次の盤面の候補を必要に応じて計算して，最善手を探索している．これらを念頭におき，Alg. 6.6 でも，グラフ情報は指定された頂点の隣接頂点の集合（13 行目）と，二つの端点 u と v を指定したときの辺の長さ $length(u, v)$（14 行目）の二つが随時求められることだけを仮定している．これに関連して，最短経路が未確定な頂点の集合 $Open$ も，s からなる頂点集合で初期化していることに注意してほしい（5 行目）．V が巨大な場合には，ダイクストラ法と同じように頂点集合 V で初期化するのは困難である．このため，探索済みの頂点を覚えておく $Close$ を導入して，同一頂点に対する探索の重複を防止している．

14 行目の右辺の第 1 項 $sum(u) - h(u)$ は，頂点 u の始点からの距離 $g(u)$ である．この $g(u)$ は，始点から実際に u までたどってきた経路，すなわち $pre(u)$ から逆向きにたどるこ

6.3 最短経路問題   **129**

Algorithm 6.6 A^* アルゴリズム

1: **function** A-STAR($\langle V, E \rangle$: グラフ, $s \in V$: 始点, $t \in V$: 終点, $h(v)$: 頂点 v から終点 t までの最短経路長の近似値を返す関数)
2:　　　▷ $Open$: 最短経路が未確定な頂点集合
3:　　　▷ $Close$: 最短経路が暫定的に決定した頂点集合
4:　　　▷ T: 3項組 $\langle v, sum, pre \rangle$ の集合. ただし v は頂点, sum は v を経由する始点 s から終点 t までの暫定的な最短経路の距離, pre はその経路上の v の直前の頂点
5:　　$Open \leftarrow \{s\}$; $T \leftarrow \{\langle s, h(s), \text{"無"} \rangle\}$; $Close \leftarrow \emptyset$;　　　▷ $Open, T$ への始点の設定, $Close$ の初期化
6:　　**while** $Open \neq \emptyset$ **do**
7:　　　　$u \in Open$ で $sum(u)$ が最小の頂点 u を選ぶ;　　　　　　　▷ 最短経路と頂点を新しく一つ確定
8:　　　　**if** $u = t$ **then**　　　　　　　　　　　　　　　　　　　　　▷ u が終点
9:　　　　　　**return** ($pre(u)$ から逆順で pre をたどって得られる s から t までの経路)
10:　　　　**else**
11:　　　　　　$Open \leftarrow Open - \{u\}$; $Close \leftarrow Close \cup \{u\}$;
12:　　　　　　　　　　　　　　▷ 最短経路が暫定的に決定した頂点 u の $Open$ から $Close$ への移動
13:　　　　　　**for each** u に隣接する各頂点 v **do**
14:　　　　　　　　$NeSum \leftarrow (sum(u) - h(u)) + length(u, v) + h(v)$;
　　　　　　　　　　　　　　　　　　　　▷ 頂点 u と v を経由する始点から終点までの経路長の算出
15:　　　　　　　　**if** $v \notin (Open \cup Close)$ **then**
16:　　　　　　　　　　$Open \leftarrow Open \cup \{v\}$;　　　　　　　　▷ 頂点 v を新しい探索候補として追加
17:　　　　　　　　　　$T \leftarrow T \cup \{\langle v, NeSum, u \rangle\}$
18:　　　　　　　　**else if** $sum(v) > NeSum$ **then**　　▷ 既存経路と u を経由した新しい経路の長さの比較
19:　　　　　　　　　　$T \leftarrow (T - \{\langle v, sum(v), pre(v) \rangle\}) \cup \{\langle v, NeSum, u \rangle\}$;　▷ 経路長と直前の頂点の変更
20:　　　　　　　　　　**if** $v \in Close$ **then**
21:　　　　　　　　　　　　$Close \leftarrow Close - \{v\}$; $Open \leftarrow Open \cup \{v\}$
　　　　　　　　　　　　　　　　▷ より短い経路が存在する可能性がでたので v を $Close$ から $Open$ へ移動
22:　　　　　　　　　　**end if**
23:　　　　　　　　**end if**
24:　　　　　　**end for**
25:　　　　**end if**
26:　　**end while**
27: **end function**

とができる経路の長さである. 必ずしも始点からの最短経路長とはなっていないことに注意してほしい. A^* 法では近似的な距離に基づいて順位が決定するため, 一度は最短と思われた経路が後から取り消されることがある (20, 21行目). 一方で, ダイクストラ法では, $Open$ から取り出した頂点への最短経路は確定できた. これは本質的な差異であり, A^* 法の時間計算量の解析を非常に難しくする. ヒューリスティック関数 $h(v)$ が必ず $h(v) = 0$ となる場合, $sum(v)$ は始点から v までの経路長となるので, このような取消しは起こらない. この場合, Alg. 6.6 はダイクストラ法と本質的に同じ振舞いをする.

A^* アルゴリズムの実行例を**図 6.15** の図 (a) から図 (d) に示す. 始点は v_1 で終点は v_4 であり, 頂点 v_i のヒューリスティック関数の値 $h(v_i)$ は, v_i を示す円の中に示してある. 各 $h(v_i)$ は v_i から終点 v_4 への最短経路長から 1 だけ減じた数値となっており, 近似精度はかなり高い. 各時点で選択した sum が最小の頂点が 2 重丸で示してある. この例では頂点 v_3 を全く探索せずに始点から終点までの最短経路を見つけており, 図 6.11 と比較して, 明らかに

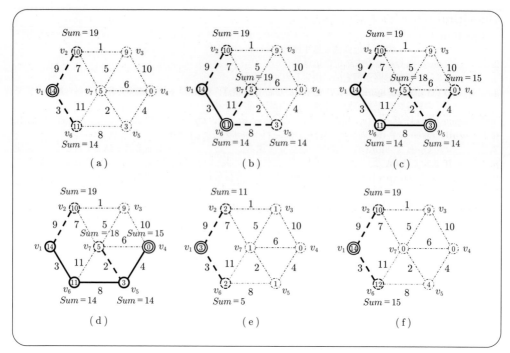

図 6.15　A* アルゴリズムの実行例

探索が効率化されている．図 6.15 の図 (e) と図 (f) には，また別のヒューリスティック関数 $h(v_i)$ を示してある．図 (e) の $h(v_i)$ は，各頂点 v_i から終点 v_4 までの最短経路の辺の数で，最短経路長の近似の精度は悪い．この場合は A* 法は図 6.11 と全く同様の探索を行う．図 (f) は，頂点 v_7 に対して，Close から Open への移動（Alg. 6.6 の 20, 21 行）が起こる例である．

〔1〕**A* アルゴリズムの理論的性質**　このアルゴリズムが正しく最短経路を見つけるためには，「近似距離は真の距離よりも大きくない」という条件が必要である．例えば，図 6.15 (a) において，$h(v_6) = 18$ となるヒューリスティック関数を用いると，A* 法は最短経路を見つけることができない．$h(v_6) = 18$ は v_6 から v_4 までの最短経路長さ 12 よりも大きく，v_6 の sum が 21 となる．よって頂点 v_2 と v_3 を経由する長さ 20 の経路が最短路として出力されてしまう．ヒューリスティック関数 $h(v)$ が v から終点までの最短経路長 $\tilde{h}(v)$ よりも常に小さいか等しいとき，すなわち全ての頂点 v に対して $0 \leq h(v) \leq \tilde{h}(v)$ が成り立つときに，$h(v)$ は**許容的**（admissible）と呼ばれる．

ヒューリスティック関数 $h(v)$ が許容的であるならば，A* アルゴリズムは必ず終点までの最短経路を出力する．図 6.15 (a), (e), (f) の三つのヒューリスティック関数は全て許容的である．実際の応用においても，許容的なヒューリスティック関数を利用できる場合は多々ある．例えば先に述べた地図上の 2 点間の最短の道路経路長問題でも，2 点間の直線ユーク

リッド距離は，実際の道路経路長よりも大きくなることはないので，許容的である．

実は，関数 $h(v)$ が許容的でない場合でも，A* 法は始点から終点までの経路を必ず見つけ出すことができる．まず，停止したときは必ず終点までの経路を見つけていることは，アルゴリズムの定義から保証される．必ず停止する（無限ループに陥らない）ことは，各頂点に付随する sum が必ず正で，かつアルゴリズム中で単調減少することから簡単に証明†できる．

もし $h(v)$ が許容的であれば，更に，見つけた経路が最短であることも保証できる．これは以下のように説明できる．まず，終点 t が $Open$ に挿入された段階で，$sum(t)$ はそこまでの実際の経路の長さになることに注意する．例えば図 **6.16** で頂点 v_d が選択され，隣接する終点 t が $Open$ に挿入された場合を考える．最短経路は頂点 v_m を経由する道で，頂点 v_d を経由する路ではない場合，この時点の $sum(t)$ は真の最短経路長 d_{min} よりも必ず大きい．頂点 v_m の推定値 $sum(v_m)$ に関しては，$h(v)$ が許容的であることから

$$sum(v_m) = g(v_m) + h(v_m) \leqq g(v_m) + \widetilde{h}(v_m) = d_{min} < sum(t)$$

が成り立つ．よって，最短ではない経路の拡張によって $Open$ に挿入された t が，最短経路上の頂点 v_m よりも先に（7 行目で）選択されることはない．以上より「$h(v)$ が許容的ならば，必ず最短経路を出力する」ことが保証される．また図 6.15 の例からも容易に推測できるように，近似精度のよいヒューリスティック関数を用いたほうが探索の効率はよくなる．すなわち二つの許容的関数 $h_1(v)$ と $h_2(v)$ が常に $h_1(v) \leqq h_2(v)$ であるならば，$h_2(v)$ を用いたほうが，A* アルゴリズムが探索する頂点は等しいか少なくなることが証明できる．

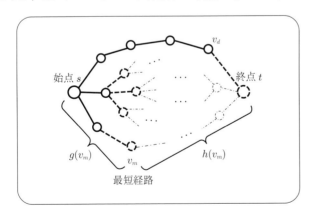

図 **6.16** A* アルゴリズムの原理

最後に，本節では終点となる頂点は 1 個に限定して議論を進めたが，終点は複数あっても全く同様な議論が成り立つことを注記しておく．標準的な A* アルゴリズムは，Alg. 6.6 の 8 行目を修正して，終点として複数の頂点を許しているのが通常である．

---

† 最大時間計算量は見積もれないが，停止することは保証できる例となっていることに注意してほしい．

6.4 最長経路問題：トポロジカルソート

　まず，グラフアルゴリズムの応用としてのスケジューリング問題を紹介する．**スケジューリング問題**（scheduling problem）とは，あるタスクを複数のサブタスクに分解し，それらを可能なかぎり並列処理し，全体のタスク遂行時間を最短化する問題である．各サブタスクの所要時間とサブタスク間の順序制約が与えられたとき，順序制約を満たす範囲で，サブタスクを並列実行して実行時間の最小化を図る．この問題は図 6.17 (a) に示すような**タスク頂点グラフ**で表現される．頂点はタスク名と必要な作業時間を表し，有向辺はタスクの順序制約を表している．この表現はわかりやすいが，頂点に値が付属するため，本章の辺に重みのあるグラフには適合していない．そこで図 (b) のような機械的な変換を行う．各頂点から辺を伸ばしてタスク作業時間を重みとして対応づけ，辺の終点に 1 頂点を追加している．また順序制約に対応する辺の重みは 0 としている．図 6.17 (a) を変換した場合，いくつかの冗長な辺を削除すると図 6.18 のようになる．各頂点はタスクの開始や終了などのイベントに対応するので，このグラフは**イベント頂点グラフ**と呼ばれる．

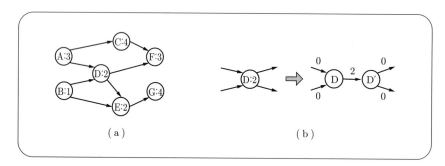

図 6.17　タスク頂点グラフと変換例

　以上で，問題が重み付きの有向グラフの問題に定式化された．我々の本来の問いは「全体のタスク遂行にどれだけの時間が必要か」であるが，その答えは頂点 S から T への**最長経路問題**（longest path problem）を解くことによって得られる．イベント頂点グラフにおける最長経路は**クリティカルパス**（critical path）と呼ばれ，この経路上のサブタスクの遅延は，直接的に全タスクの遅延につながる重大事となる．

　最長経路問題は一見，最短経路問題の「裏返し」に見えるかもしれないが，実はそうでは

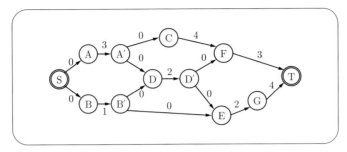

図 6.18　イベント頂点グラフ

ない．グラフが閉路をもてば，その閉路を回ることで距離はいくらでも増やせるため，最長経路は存在しない．よって通常は，同じ頂点が2回以上は出現しない経路，すなわち**単純経路**（simple path）に限定し，その中で最長のものを探す**最長単純経路問題**（longest simple path problem）を考えることが多い．しかしこの問題も，実は効率的な計算が非常に難しい**NP–困難**（NP–hard）[12),15),16)]と呼ばれる問題であることが知られている．NP–困難な計算問題には，決定性多項式時間アルゴリズム，すなわちある定数 k に対して $O(n^k)$ の時間内に計算が終了するアルゴリズムがまだ一つも発見されていない[†]．

また，辺の重みの正負を反転したグラフ（**負グラフ**と呼ぶ）を考えると，最長経路問題は最短経路問題へ置き換えることができる．このため，この負グラフをベルマン・フォード法で解けば十分なように一見思えるが，残念ながら，この手法では正しい解が得られる保証はない．ベルマン・フォード法には単純経路という概念はなく，単純経路と閉路を区別する仕組みがない．そのため最長単純経路の探索に使用することはできない．

一般に，頂点 v の始点からの最長距離は，v へ入力する辺をもつ頂点全ての最長距離が事前にわかれば簡単に求められる．例えば，図 6.18 の頂点 F の場合，F への入力辺をもつ頂点 C と D' の最長経路長がそれぞれ 3 と 5 と求まっていれば，F の最長経路は C を経由した場合の 7 であると容易にわかる．このような処理が全ての頂点で可能となるのは，グラフの全ての頂点を「どの頂点もその入力辺の元の頂点よりも後にある」ように並べられる場合である．この順序は**トポロジカルな順序**（topological order）と呼ばれ，頂点をトポロジカルな順序に並べることは**トポロジカルソート**（topological sort）と呼ばれる．図 **6.19** は図 6.18 のグラフの頂点集合をトポロジカルソートした結果である．容易にわかるように，トポロジカルな順序は一般には一意には決まらない．例えば図 6.19 では，A と B は入れ替えてよい．他にも C と D，あるいは F と G などを入れ替えてもトポロジカルな順序となる．

閉路のない有向グラフの頂点集合は常にトポロジカルな順序に整列することが可能であり，

[†] NP–困難な問題に対しては，**準最適解**を多項式時間で解く**近似アルゴリズム**[16)]が盛んに研究されている．しかし，最長単純経路問題は，精度のよい近似アルゴリズムの開発も難しいことで知られている．

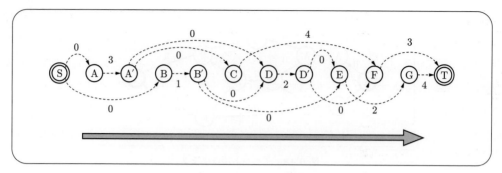

図 6.19 トポロジカル順序の例

その順序に従えば最長経路を容易に求めることができる．また，タスクの順序制約を表現したイベント頂点グラフは閉路はもたないはずである．もしもてば順序制約の循環を意味するので，それは実行不可能な作業となるからである．よって以下では，閉路をもたない有向グラフ上の最長（単純）経路を求めることを考える．Alg. 6.7 に疑似コードを示す．まず頂点集合をトポロジカルソートし，その結果を利用して，始点 s から終点 t への最長距離を求めている．後に示すようにトポロジカルソートの最大時間計算量は，与えられたグラフを $\langle V, E \rangle$ とするとき，$O(|V|+|E|)$ である．その後の処理（8 行目から 19 行目）の時間計算量は $O(|V|^2)$ であり，$|E| < |V|^2$ であるので，全体の計算量は $O(|V|^2)$ となる．これは，最短経路問題に対するダイクストラ法と変わらない計算量である．

以下，カーン（Kahn）が考案したトポロジカルソート法を紹介する．トポロジカルな順序

Algorithm 6.7 閉路がない有向グラフにおける最長単純経路探索

```
 1: procedure LONGEST-SIMPLE-PATH(⟨V, E⟩: 有向非巡回グラフ)
 2:     ▷ List: ⟨V, E⟩ 上での V のトポロジカルソートの結果
 3:     ▷ Dist: 大きさ |V| の配列で，s からの各頂点 v への経路長を格納する
 4:     ▷ Pred: 大きさ |V| の配列で，各頂点 v への経路上の v の直前の頂点を格納する
 5:     List ← TOPOLOGICAL-SORT(⟨V, E⟩);
 6:     if List = "error" then exit             ▷ 入力されたグラフに閉路がある
 7:     end if
 8:     for each v ∈ V do
 9:         Dist[v] ← 0;  Pred[v] ← "無"        ▷ 作業領域の初期化
10:     end for
11:     while List ≠ NIL do
12:         List の先頭の頂点 u を取り出し，u は List から削除する;
13:         for each u への辺 ⟨v, u⟩ ∈ E をもつ各頂点 v do
14:             if Dist[u] < Dist[v] + Ad[v, u] then  ▷ 既存経路と v を経由した場合との経路長の比較
15:                 Dist[u] ← Dist[v] + Ad[v, u];     ▷ より長い v を経由した経路長へ更新
16:                 Pred[u] ← v                       ▷ v を経由するより長い経路へ更新
17:             end if
18:         end for
19:     end while
20: end procedure
```

6.4 最長経路問題：トポロジカルソート

の定義を考えれば，先頭になりうる頂点は入力辺をもたない頂点である．逆にそのような頂点であればどれでもよいので，そのうちから任意の頂点を選んで先頭とする．先頭頂点を決めるとその頂点はもう考慮しなくてよいので，グラフから先頭頂点とそこから伸びる辺を消去する．残されたグラフの中から同様に先頭頂点を選べばそれが 2 番目となる．図 6.20 を例にとれば，左のグラフの先頭頂点は A と B である．先頭として A を選択すれば，頂点 A と出力辺が消去できる．その結果は右のグラフであり，新たに頂点 C が先頭頂点の候補に追加される．トポロジカルソート法の疑似コードを Alg. 6.8 に示す．

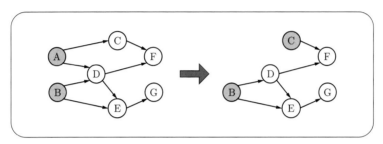

図 **6.20** トポロジカルソートの動作例

Algorithm 6.8 カーンのトポロジカルソート法

1: **function** TOPOLOGICAL-SORT($\langle V, E \rangle$: 有向グラフ)
2:     ▷ Te: 作業用の辺集合，Li: ソート結果を格納するリスト
3:     ▷ St: 入力辺がない頂点の集合
4:     $Te \leftarrow E$; $Li \leftarrow \langle \rangle$;   ▷ Te と Li をそれぞれ頂点集合 E と空リストで初期化
5:     $St \leftarrow \{v \in V \mid v$ は与えられたグラフ $\langle V, E \rangle$ で入力辺をもたない $\}$ ▷ 出発頂点の設定
6:     **while** $St \neq \emptyset$ **do**
7:         頂点 $u \in St$ を選択する;
8:         $St \leftarrow St - \{u\}$; $Li \leftarrow Li \circ \langle u \rangle$ ▷ u を St から削除し，Li の末尾に追加する
9:         **for each** u からの辺 $\langle u, v \rangle \in Te$ をもつ各頂点 v **do**
10:            $Te \leftarrow Te - \{\langle u, v \rangle\}$ ▷ 処理済みの辺の削除
11:            **if** v が入力辺 $\langle r, v \rangle \in Te$ を全くもたない **then**
12:                $St \leftarrow St \cup \{v\}$ ▷ 入力辺のない頂点の追加
13:            **end if**
14:        **end for**
15:    **end while**
16:    **if** $Te \neq \emptyset$ **then return** "error"   ▷ 入力されたグラフ $\langle V, E \rangle$ に閉路がある
17:    **else return** Li ▷ トポロジカルソートを行った結果を返す
18:    **end if**
19: **end function**

この疑似コードは，与えられたグラフに閉路がある場合は "error" を出力して停止する．閉路がない場合には頂点集合をトポロジカルソートする．コードの 8 行目と 10 行目で頂点と辺を St と Te から一つずつ削除し，それらの頂点と辺は St と Te に追加されることはないので，最大時間計算量は $O(|V| + |E|)$ となる．ベルマン・フォード法も，負グラフに閉路が

136   6. グ ラ フ

なければ，最少の負の距離（重み）をもつ単純経路を見つけ出すことができるが，時間計算量は $O(|V| \cdot |E|)$ となる．よってトポロジカルソート法を用いるほうが有利である．

本章のまとめ

　本章では，グラフ上のいくつかの基本問題．具体的には最小スパニング木問題，最短経路問題，最長経路問題を取り上げ，それらに対する代表的なアルゴリズムを学んだ．

(1) グラフはコンピュータ内部では，隣接行列や隣接リストを用いて表現される．辺の向きや重みなども同時に表現することができる．

(2) 最小全域木問題は貪欲法で厳密解が効率的に解ける代表的な問題であり，クラスカル法が代表的な貪欲アルゴリズムである．

(3) ダイクストラ法は，辺の重みが非負の場合の単一始点最短経路問題を解く代表的なアルゴリズムであり，貪欲法に基づいている．動的計画法に基づくベルマン・フォード法は辺の重みが負の場合を取り扱うことができる．

(4) A^* アルゴリズムは，巨大グラフ上の最短経路問題を解くために，現在の探索点から終点までの見積り経路長を用いてダイクストラ法を改良した手法である．

(5) 最長経路問題は本質的に難しい問題である．閉路のないグラフに限定した場合の最長経路は，トポロジカルソートなどを用いて効率的に解くことができる．

●理解度の確認●

問 **6.1** 図 6.2 のグラフの最小全域木をクラスカル法で求めて図示せよ．

問 **6.2** Alg. 6.3 の UNION 操作で構築される木は，その高さを k とするとき，頂点数が 2^k 以上となることを帰納法で証明せよ．

問 **6.3** Alg. 6.3 の FIND 操作で経路の圧縮を行うように疑似コードを修正せよ．

問 **6.4** 図 6.2 のグラフで静岡を始点とする各頂点への最短経路をダイクストラ法で求めよ．

問 **6.5** ベルマン・フォード法が負閉路を正しく検出できる理由を考えよ．

問 **6.6** 図 6.15 (e)，(f) に示したグラフとヒューリスティック関数に対して A^* アルゴリズムを適用し，結果を比較してみよ．

問 **6.7** 図 6.18 のグラフ上のトポロジカル順序を満たす頂点列の全てを求めよ．

問 **6.8** ベルマン・フォード法が最短の単純経路の探索に失敗するグラフを示せ．

7

文字列照合

　日本語の慣用句に「むだ骨を折る」というものがある．英語では "Look for a needle in a haystack" という．直訳は「干し草の山の中から針1本を探す」という意味になる．本章では文章データなどから所定の文字列を探し出す文字列照合問題を扱うが，例えば Web 上に存在するような大規模な文章データを対象とするとき，そこから所定の文字列を見つけ出すことは，正に「干し草の山の中から針1本を探す」ような難しさがある．本章では，この文字列照合問題をむだ骨を折らずに高速に解くためのアルゴリズムとデータ構造を学んでいく．

138   7. 文 字 列 照 合

7.1 文字列照合問題と素朴な解法

本節では文字列照合問題を定義し，最も素朴な解法である力まかせ法を学ぶ．**文字列照合問題**（string pattern matching）は，検索対象の文字列（以下，**テキスト**という）から所定の文字列（以下，**パターン**という）を探し出す問題である．文字列照合問題の最も身近な例は，文章データからある単語を検索することであろう．世界には約 18 億の Web サイトがあり[†]，Google によれば 2008 年時点で Web ページ数は 1 兆を超えるとされている．このような Web 上に存在する膨大なテキストデータから所定のパターンを高速に探し出す技術は，Web 検索サービスを支える重要な情報基盤となっている．文字列照合問題の対象となるテキストは文章にかぎらない．例えば，生命の遺伝情報といわれる DNA は四つの塩基（アデニン（A），グアニン（G），シトシン（C），チミン（T））からなる配列で表現されるが，この DNA の塩基配列から特定のパターン（遺伝子）を検索することは文字列照合問題と見なせる．ヒトゲノムは約 30 億の塩基対の DNA からなる．個々の遺伝的体質に応じて診療する個別化医療が注目されているが，各遺伝子の塩基配列に病的変化がないか高速に探し出す遺伝子検査などにも文字列照合の技法が利用されている．

さて文字列照合問題にはいくつかバリエーションが存在するが，本書では**与えられたテキストに出現するパターンの全出現位置を発見する**問題と定義する．すなわちテキスト中に複数のパターンが含まれている場合は，パターンが出現するすべての位置を見つけなければならないものとする．

文字列照合問題を定義するため，いくつか記号と表記を導入する．テキストとパターンはそれぞれ $haystack$ と $needle$ という（それぞれ日本語の「干し草の山」と「針」に相当する）名前の配列に格納されるものとする．また $haystack$ と $needle$ の文字数をそれぞれ m と n とするとき，$n \le m$ を満たすものとする．任意の配列 $array$ について，$array$ を構成する要素数を $array$ の**配列長**と呼び，しばしば $|array|$ と表す．すなわち $|haystack| = m$，$|needle| = n$ と書ける．$array[i:j]$ を $array[i]$ から $array[j]$ までの部分文字列を格納した配列とする．ただし，i, j は配列の添字（以降，**インデックス**と呼ぶ）であり，$array[i]$ と $array[j]$ はそれぞれ配列中の先頭から数えて i 番目と j 番目の文字を指す．

文字列照合問題は，下記の条件を満たすテキスト中のパターンの出現開始位置 pos をすべ

[†] 2017 年 1 月 Netcraft Web Server Survey.

7.1 文字列照合問題と素朴な解法 **139**

て探し出す問題である，と定義される．

$$haystack[pos : pos + n - 1] = needle[0 : n - 1].$$

例えば，$haystack =$ "ratatata" と $needle =$ "tat" を考える．パターンはテキストのイン
デックス 2 とインデックス 4 よりそれぞれ出現しており，$haystack[2 : 4] = needle[0 : 2]$,
$haystack[4 : 6] = needle[0 : 2]$ を満たす．よって，この文字列照合問題の解は $pos = 2$ と
$pos = 4$ となる．

7.1.1 力 ま か せ 法

　文字列照合問題を解く最もシンプルな方法は**力まかせ法**（brute–force method）である．
力まかせ法では $haystack$ と $needle$ の二つの配列を先頭から順番に 1 文字ずつ照合する．以
下，現在照合している $haystack$（テキスト）上の初期インデックスを**初期注目点**と呼び，変
数 pos で表す．また，現在照合している $needle$（パターン）上のインデックスを**パターン注
目点**と呼び，変数 j で表す．力まかせ法は，初期注目点 pos において，パターン注目点 j を
ずらしながら文字を照合していく．パターン長だけ照合が成功した場合，パターンを発見し
たとして pos を出力する．もし成功しなかった場合は初期注目点 pos を一つずらし，j をリ
セットして照合を再スタートする．手続きは Alg. 7.1 のとおりである．

Algorithm 7.1 力まかせ法による文字列照合

1: **procedure** $bf(haystack, needle)$
2: 　　　▷ $haystack$: テキスト，$needle$: パターン
3: 　**for** $pos \leftarrow 0$ to $m - n$ **do**
4: 　　　$j \leftarrow 0$
5: 　　　**while** $j < n$ **do**
6: 　　　　**if** $haystack[pos + j] \neq needle[j]$ **then**
7: 　　　　　**break**
8: 　　　　**else**
9: 　　　　　$j \leftarrow j + 1$
10: 　　　　**end if**
11: 　　　**end while**
12: 　　　**if** $j = n$ **then**
13: 　　　　**print** pos 　　　　　　　　　　　　　　　　　　　　　▷ pos を表示する
14: 　　　**end if**
15: 　**end for**
16: **end procedure**

　注目点 pos は，0 からスタートする．j はパターン $needle$ 上で現在照合しているインデック
スに相当する．j がパターンの末尾文字に至っていないとき，$haystack[pos + j]$ と $needle[j]$
を照合する．もし一致していれば，j を一つ増やす．さもなければ 5 行目の while 文を脱
出し，pos を一つ増やし探索を継続する．このように力まかせ法では，1 文字ずつ pos を移

動しながら照合を行い，$pos > m-n$ となった時点で照合を終了する．図 **7.1** は前述の例（$haystack = $ "ratatata" と $needle = $ "tat"）での力まかせ法の振舞いを表している．図中のマスには，各 pos において照合した $needle$ 上の文字が記載されている．$pos = 2, 4$ において $needle$ の全文字の照合が成功したことがわかる．

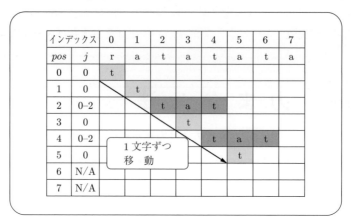

図 **7.1** 力まかせ法の振舞い

文字列照合アルゴリズムの性能は，アルゴリズムが必要とする文字の照合回数で評価される．力まかせ法では，注目点を 0 から $m-n$（上記の例では 5 までとなる）まで一つずつ照合を進めていく．各注目点において，j は 0 からせいぜいパターン末尾に相当する $n-1$ まで変化する．よって，最良の場合で $m-n+1$ 回，最悪の場合で $(m-n+1) \times n$ 回の照合が必要となる．ただし，一般にテキスト長はパターン長に比べてはるかに長いので，（漸近的）時間計算量は最良の場合 $O(m)$ であり最悪の場合 $O(mn)$ となる（どのような場合において時間計算量が最良となり，また逆に最悪となるかについて本章の理解度確認問題の中で考察してもらいたい）．

7.2 高速な文字列照合法

力まかせ法は初期注目点を逐次的にずらしながら照合を進める手法である．本節では，逐次型の文字列照合の高速手法として，ボイヤー（R.S. Boyer）とムーア（J.S. Moore）により開発された**ボイヤー・ムーア法**（Boyer–Moore method，**BM 法**）を学ぶ．

7.2.1 力まかせ法の欠点とBM法の原理

力まかせ法はシンプルだが，パターンを一つずつずらすことに無駄がある．例えば，$haystack =$ "abdefgh" と $needle =$ "abc" を力まかせ法で解くことを考えてみよう．最初の注目点 $pos = 0$ では，先頭から順に a, b の 2 文字をチェックした後，3 文字目の d に至って初めて照合が失敗する．しかしながら，**文字 d はそもそもパターンに含まれていない**ので，パターンを一つずらしても照合に失敗するのは明らかである．すなわち**照合対象の末尾文字がそもそもパターンに含まれていない場合**，図 **7.2** にあるとおり，パターンを一度にパターン長（この例では三つ）だけ移動することができる．

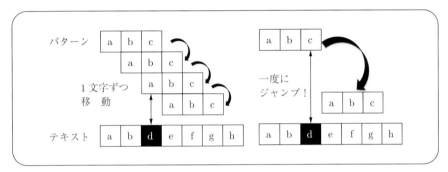

図 **7.2** 力まかせ法の欠点

このように注目点をジャンプしていけば，わずか 2 回の照合でこの例を解くことができる．注目点を一つずつずらす力まかせ法では 7 回の照合が必要であるが，これに比べるとはるかに効率がよいことがわかる．BM 法の基本的なアイデアは，パターンの後ろから比較し，不一致ならばパターンをできるかぎりパターン長ずらす，という二つにある（図 **7.3**）．後ろから照合することで，もしパターンに出現しない文字がテキストに出現していたとき，一度にパターン長だけ注目点をずらすことができる．照合の順序を入れ替えるだけの工夫であるが，

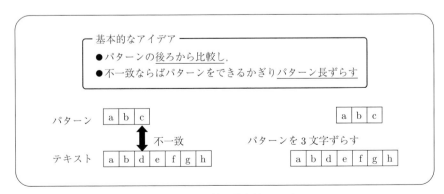

図 **7.3** BM 法の基本的アイデア

これにより照合回数を劇的に減らすことができる．

7.2.2 BM法の実際

このようにBM法のアイデアはシンプルだが，実装にあたり以下の四つの場合を考慮する必要がある．

1. **テキストの不一致文字がパターンに含まれる場合** 図7.4の例を考える．パターンの末尾文字 c と現在注目しているテキスト文字 a は一致しないが，a はパターンに含まれている．このとき，アイデアのとおり，パターン長の3文字ずらすと，パターンの出現を見逃してしまう（②の場合）．これは，テキストの不一致文字 a がパターンに出現しているにもかかわらず，この照合を見逃しているためである．ここで，テキストの不一致文字 a はパターンの末尾から見て2番目に含まれていることに注意すると，パターンを2文字だけずらせば，この照合を見逃さないで済むことがわかる（③の場合）．すなわち，テキストの不一致文字がパターンに含まれる場合は，その文字のパターンの末尾から数えたときのインデックスを調べ，そのインデックス分だけパターンをずらす必要がある．

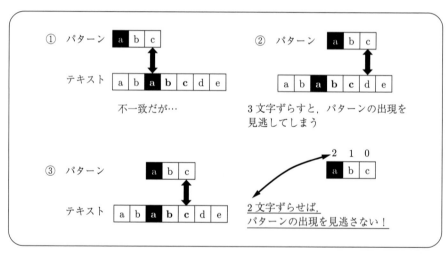

図7.4 テキストの不一致文字がパターンに含まれる場合

2. **パターンの末尾ではなく途中の文字が不一致になる場合** 図7.5の例を考える．注目点でのテキスト文字 a とパターンの文字 c が一致していないが，パターン長分の3文字ずらすと，パターンの出現を見逃してしまう（②の場合）．BM法の原理をより正確に解釈すれば，テキストの不一致文字 (a) がパターンに含まれないとき，それ以降のパターンの文字照合を行う必要がない，ということになる．この解釈に従えば，この例において不一致文字 a との照合をスキップできるのは，パターンの先頭文字 b のみである．すなわちパターンの

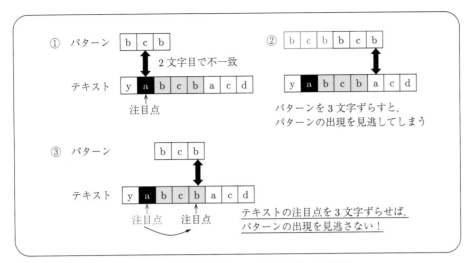

図 7.5 パターンの途中の文字が不一致になる場合

正しい移動先は，図7.5の③となるべきである．このようなパターンの移動は，テキストの注目点をパターン長だけずらせば実現できる．すなわち「パターンを X 文字ずらす」とは，正確には「**テキストの注目点を X 文字ずらす**」ことに相当する．以下，現在照合しているテキスト上の注目点を**テキスト注目点**と呼び，変数 i で表す．すなわち，BM法では，初期注目点 pos，パターン注目点 j およびテキスト注目点 i の三つを用いて照合を進めていく．

3. パターン中に同じ文字が2回以上出現する場合　　図7.6の例を考える．テキストの

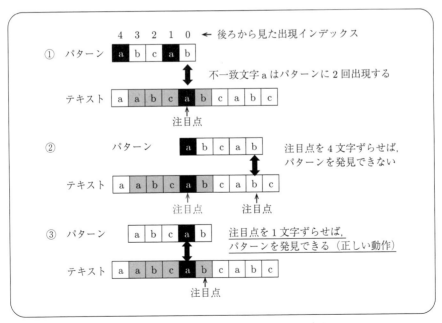

図 7.6 パターン中に重複文字が出現する場合

不一致文字 a がパターン中に 2 回出現している．

テキストの不一致文字がパターンに出現する場合，上述したとおり，パターンを後ろから見たとき不一致文字が出現するインデックスがテキスト注目点の移動量となる．この例では，後ろから 1 番目と 4 番目にそれぞれ不一致文字 a が出現している．もし注目点を 4 文字ずらすと図の②となりパターンを発見することができない．正しくは図の③であり，適切な移動量は 1 である．すなわち，不一致文字がパターンに含まれる場合，後ろから調べて不一致文字が x 番目に最初に見つかったとすると，x をテキスト注目点の移動量とする．

4. **永久ループが生じる場合**　　BM 法では不一致文字が出現したとき，現在の注目点をその不一致文字に対応する移動量だけずらすことになる．ただし，テキスト注目点を移動した後，パターンが前に戻る場合がある．図 7.7 はこのような場合を示している．図の①の場合において，テキスト注目点の不一致文字 d は，パターンの後ろから 1 番目に出現している．そこで注目点を 1 だけずらすと②のようにパターンが前に戻ってしまう．この注目点における不一致文字 c はパターンの後ろから 2 番目に出現している．そこで注目点を 2 だけ移動すると，パターンは①の場合に戻ってしまう．このように，移動後のテキスト注目点（②のテキスト中の c に相当するインデックス）が，初期注目点（②のテキスト中の e に相当するインデックス）より小さくなる場合はパターンが前に戻り，結果として永久ループが生じる可能性がある．このような場合，通常の力まかせ法と同様にして，**初期注目点を一つだけずらす（すなわちパターンを一つだけずらす）**こととする．

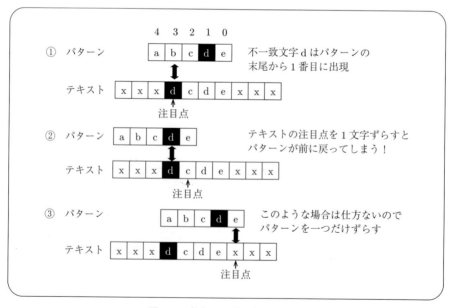

図 **7.7**　永久ループが生じる場合

さて BM 法では，テキスト中の不一致文字に対する注目点の移動量を事前に求めることができる．すなわち，テキスト中の不一致文字を c としたとき，c がパターンに出現しない場合，移動量はパターン長であり，それ以外の場合，後ろから調べて不一致文字が x 番目に最初に見つかったとすると，移動量は x となる．

そこで不一致文字に対する移動量を格納した配列 $skip$ を事前に用意することを考える．$skip$ 配列の配列長 $|skip|$ は，テキストに出現する全文字の種類数に相当する．英数字からなるテキストを扱う場合，出現する文字は 0 から 9，a から z，そして A から Z のたかだか 62 種類である．一般に各文字にはコンピュータ上で表現するための固有のビット列（**文字コード**と呼ばれる）が付与されている．英数字文字の標準コードである **ASCII**（American standard code for information interchange）では各文字は 7 ビットに符号化される（例えば文字 a は 10 進数の 97 が対応づけられる）．7 ビットの ASCII コードで表現されるテキストを扱う場合，$skip$ の配列長は 128 あれば十分である．

ある文字 x の文字コード（10 進数）を $h(x)$ と表し，x が不一致文字だったときの移動量を $skip[h(x)]$ に格納するものとする．このとき配列 $skip$ は以下の Alg. 7.2 により求めることができる．

Algorithm 7.2 BM 法の前処理（移動量の計算）

1: **procedure** $get(needle, skip)$
2:     ▷ $needle$: パターン（パターン長 n），$skip$: 移動量を格納する配列
3:     **for** $i \leftarrow 0$ to $|skip| - 1$ **do**
4:       $skip[i] \leftarrow n$ ▷ すべての文字の移動量をパターン長とする
5:     **end for**
6:     **for** $i \leftarrow 0$ to $n - 2$ **do**
7:       $skip[h(needle[i])] \leftarrow n - i - 1$ ▷ パターンに出現する文字の移動量だけ修正する
8:     **end for**
9: **end procedure**

例えばパターン $needle$ が "cbbc" であるとき，$skip$ 配列は次のように求められる．はじめに，3–5 行目のループ処理により，配列中の各要素はパターン長 4 で初期化される．次の 6–8 行目のループ処理により，パターンに出現する各文字について前から順に移動量を更新していく．これによりパターンの出現する文字 c と b の移動量はそれぞれ 3 と 1 となる（すなわち $skip[h(c)] = 3$, $skip[h(b)] = 1$）．

ここで，不一致文字 c について，c はパターン中に 2 回出現するが，末尾に出現する c は考慮していない点に注意する．実際，6 行目のループ条件では i は $n - 2$ 以下の値しかとっておらず，末尾の文字に相当する $needle[n - 1]$ を除外している．もし末尾に出現する c を考慮して移動量を計算すると $skip[h(c)] = 0$ となり，パターンが必ず後ろに戻ってしまう．これを防ぐため移動量は末尾文字を除いて計算する必要がある．

146　　7. 文 字 列 照 合

前処理として $skip$ 配列を作成した後，BM 法は以下の Alg. 7.3 のとおりパターンを照合していく．テキスト $haystack =$ "abccbbbczccbbc"，パターン $needle =$ "cbbc" の照合問題の例を用いて，アルゴリズムの振舞いを説明する．はじめに，Alg. 7.2 を用いて，各文字の移動量を求める．先に示したとおり，このパターンでは，$skip[h(\mathrm{b})] = 1$，$skip[h(\mathrm{c})] = 3$ となり，それ以外の文字の移動量はすべて 4 となる．

Algorithm 7.3 BM 法による文字列照合

1: **procedure** $bm(haystack, needle)$
2:　　　▷ $haystack$: テキスト (テキスト長 m)，$needle$: パターン (パターン長 n)
3:　　$pos \leftarrow n - 1$　　　　　　　　　　　　　　　　　　　　▷ 初期注目点 pos をセット
4:　　**while** $pos < m$ **do**
5:　　　　$i \leftarrow pos$　　　　　　　　　　　　　　　　　　　▷ i は現在のテキスト注目点
6:　　　　$j \leftarrow n - 1$　　　　　　　　　　　　　　　　　　▷ j は現在のパターン注目点
7:　　　　**while** $haystack[i] = needle[j]$ **do**
8:　　　　　　**if** $j = 0$ **then**
9:　　　　　　　　**print** pos　　　　　　　　　　　　　　　　　　　▷ パターンを発見
10:　　　　　　　　**break**
11:　　　　　　**end if**
12:　　　　　　$i \leftarrow i - 1$　　　　　　　　　　　▷ 一致するかぎり注目点をずらしていく
13:　　　　　　$j \leftarrow j - 1$
14:　　　　**end while**
15:　　　　$i \leftarrow i + skip[h(haystack[i])]$　　　　　　　　　　▷ テキスト注目点の移動
16:　　　　**if** $pos > i$ **then**
17:　　　　　　$pos \leftarrow pos + 1$　　　　　　　　　　　　　　　　　▷ 永久ループの回避
18:　　　　**else**
19:　　　　　　$pos \leftarrow i$　　　　　　　　　　　　　　　　　　　▷ 初期注目点の更新
20:　　　　**end if**
21:　　**end while**
22: **end procedure**

　図 **7.8** のとおり，初期注目点 pos は 3 であり，テキスト注目点 i が 2 のとき照合に失敗する．このときの不一致文字は c であり，その移動量は 3 なので，テキスト注目点が 3 文字分だけずれる．移動後のテキスト注目点は 5 となる (初期注目点 pos も 5 に更新される)．テキスト注目点 5 においても照合に失敗する．このときの不一致文字は b であり，その移動量は 1 なので，現在の注目点 $(i = 5)$ を 1 文字分ずらす．初期注目点 6 においても照合に失敗する．このときの不一致文字は b であり，その移動量は 1 なので，現在の注目点 $(i = 6)$ を 1 文字分ずらす．初期注目点 $pos = 7$ では，テキスト注目点 $i = 4$ において照合に失敗する．このときの不一致文字は b であり，その移動量は 1 であるが移動後の注目点 $(i = 5)$ が初期注目点 $(pos = 7)$ より小さくなることがわかる．このとき，Alg. 7.3 中の 16–18 行目の処理により，初期注目点が $pos + 1 = 9$ となり，パターンが一つだけずれる．初期注目点 $pos = 8$ における不一致文字は z である．z はパターンに出現しないので，注目点を 4 だけ移動する．移動後のテキスト注目点は 12 となる (初期注目点 pos も 12 に更新される)．こ

インデックス	0	1	2	3	4	5	6	7	8	9	10	11	12	13
pos / 不一致文字	a	b	**c**	c	**b**	**b**	**b**	c	**z**	c	c	b	**b**	c
3 / c				b	c →		**3**							
5 / b							c →		**1**					
6 / b							c →		**1**		後戻り防止			
7 / b						c	b	b	c →		(一つずらす)			
8 / z									c	→				**4**
9 / b													c	**−1** →
13 / なし												c	b	b	c

図 7.8 BM 法の振舞い

のときの不一致文字は b であり，その移動量は 1 である．注目点を 1 だけずらすと，抽出すべきパターン "cbbc" が発見される．Alg. 7.3 では，パターンと一致したときの各初期注目点（すなわちパターンの末尾文字に対応するテキスト中のインデックス）を表示する（9 行目）仕様となっている．

　BM 法の性能について検討する．はじめに前処理である *skip* 配列の構成は，出現する文字種類数を q とすると，$q+n$ 回だけ配列にアクセスすれば十分である．次に照合回数であるが，最悪の場合 $m \times n$ である．例えば，テキスト $haystack =$ "aaaaaa"，パターン $needle =$ "baa" を考えると，テキストの各文字に対して，パターンの各文字を照合する必要がある（計 12 回の照合が必要となる）．ただし本書で示したアルゴリズムはあくまで簡易版であり，パターンのずらし方をより工夫することで時間計算量が $O(m+n)$ となることが知られている．

　これに対し，最良の場合，パターン末尾の照合はいつも不一致であり（余分な照合をしない），かつその不一致文字がすべてパターンに出現しない（移動量がいずれもパターン長で注目点が変化する）ときである．このときの照合回数は $\lfloor m/n \rfloor$ で十分である．すなわち，最良の場合の時間計算量は $O(m/n)$ となり，力まかせ法に比べると最大 n^2 倍高速になることがわかる．ただし実際の問題においても，特に文字の種類数が多いような場合では，最良の時間計算量 $O(m/n)$ に近い性能で動作する．また文字種類数が少ないような場合，例えば 2 進データでは，バイト単位で見ることで仮想的に文字種類数を増やすことができる．

☕ 談　話　室 ☕

　BM 法の補足　　BM 法の最大時間計算量は $O(m+n)$ であり最速アルゴリズムの一つである．同じ $O(m+n)$ のアルゴリズムとしては，1977 年にクヌース（D.E. Knuth），モーリス（J.H. Morris），プラット（V. Pratt）により発表された **KMP 法（クヌース・**

モリス・プラット法）が有名であるが，BM 法は KMP 法より実用上優れていることが知られている．ただし，本書で示したアルゴリズムでは，最悪 $m \times n$ 回の照合が必要となる場合がある．通常の問題では，本書で示したアルゴリズムで十分高速に動作するが，理論上 $O(m+n)$ とするためには，パターンの**途中まで照合に成功している場合の工夫**が必要であることに注意されたい．例えば，前述したテキスト $haystack =$ "aaaaaa"，パターン $needle =$ "baa" を考えると，Alg. 7.3 では，初期注目点 $pos = 2$ において，テキスト注目点 $i = 0$ で照合に失敗（$haystack[0] = a$, $needle[0] = b$）する．このとき初期注目点が1だけずれ，$pos = 3$ となるが，この場合も同様に $i = 1$ で照合に失敗する．ここで $pos = 3$ では，$haystack[3]$, $haystack[2]$, $haystack[1]$ の文字を照合するが，このうち $haystack[2]$ と $haystack[1]$ は，$pos = 2$ の時点で同じ照合をすでに行っていることに気づく．すなわち，初期注目点 $pos = 2$ において，すでに $haystack[1]$ と $haystack[2]$ はそれぞれ a であることがわかっており，$pos = 3$ において，そもそも $needle[0] = b$ と照合することは無駄であることがわかる．

このように途中まで照合が成功している場合，不一致文字より前に出現するテキスト文字情報を一部利用することができる．この例では，b より前に出現しているテキスト文字は "aa" であることがわかる．b は "aa" には出現しないので図 **7.9** のようにパターンを3だけ一度にずらせばよい．このような工夫を導入すれば**以前に照合したテキスト文字は二度と照合しない**ようにでき，結果として，時間計算量は $O(m+n)$（もしくは $m > n$ なので $O(m)$）となる．なお KMP 法も同様のアイデアに基づいている．

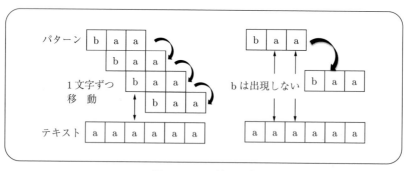

図 **7.9** BM 法の工夫

7.3 ハッシュ法を用いた文字列検索

次に逐次型の文字列照合に対する BM 法とは異なるアプローチとして，5 章のハッシュ法を応用した**ラビン・カープ法**（Rabin–Karp method）を紹介する（カープ（R.M. Karp）とラビン（M.O. Rabin）により開発された手法であり，手法名は BM 法と同じく開発者の名に由来する）．この方法は文字列のような 1 次元データだけでなく，多次元配列に格納されるデータにも応用できる点に特徴があるが，ここでは文字列照合のみ扱う．

needle 文字列（パターン長 n）を *haystack* 文字列（テキスト長 m）の中から見つけるには，図 **7.10** のように，長さとハッシュ値がともに *needle* と同じである *haystack* の部分文字列を見つければよい．

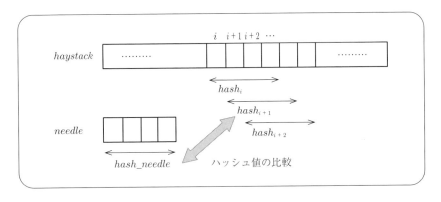

図 7.10　Rabin–Karp 法

テキスト *haystack* 中の i 文字から始まる部分文字列 $haystack[i : i+n-1]$ とパターンがもし一致していれば，二つの文字列のハッシュ値は必ず一致する．逆にハッシュ値が一致していなければ，明らかに二つの文字列は一致しない．ラビン・カープ法ではこのアイデアに基づき各部分文字列とパターンのハッシュ値を利用して高速に文字列照合を行う．ただし，長さとハッシュ値が同じでも，文字列の一致は断定できず，最終的には一致の候補となる部分文字列を *needle* と照合する必要がある．これは二度手間に思えるかもしれないが，ハッシュ値の衝突頻度が低ければ，このコストは十分抑えることができる．

ラビン・カープ法で用いるハッシュ関数としては，衝突頻度が低いこと以外に，その計算コストが少ないことが重要である．図 7.10 からわかるように，1 文字ずつずらした部分文字

列のそれぞれについてハッシュ関数の計算が必要になるが，これらをすべて独立に行うとすると，計算コストは $O(m \times n)$ となってしまい，力まかせ法の最悪ケースと同じである．

$haystack$ の各部分文字列 $haystack[i:i+n-1]$ のハッシュ値を h_i とすると，ラビン・カープ法において重要なことは，h_{i+1} が h_i から容易に計算できるようにハッシュ関数を定義することである．例えば

$$h_i = \sum_{j=0}^{n-1} haystack[i+j]$$

とすれば，$h_{i+1} = h_i - haystack[i] + haystack[i+n]$ となって，その計算コストは $needle$ 文字列の長さによらず $O(1)$ であり，照合の全コストは，$O(m)$ に抑えられる．簡単のため，本節では配列の文字とその文字コード（10進数）を同一視している点に注意されたい．すなわち，$haystack[i]$ はインデックス i の $haystack$ 文字の文字コードを指している．

上記のハッシュ関数を衝突頻度の点で改善すべきであれば，適当な整数 x，N を用意して

$$h_i = (\sum_{j=0}^{n-1} x^{n-1-j} \cdot haystack[i+j]) \mod N$$

とすることができ，検索対象のハッシュ値は

$$h_{i+1} = ((h_i + q \cdot haystack[i]) \cdot x + haystack[i+n]) \mod N$$

によって効率よく計算できる．ここで $q = N - (x^{n-1} \mod N)$ である．なお，多くのプログラミング言語において，負の数の剰余計算は予期せぬ結果となる．このため，二つの正の整数 a，b の差の剰余を求めるには $(a-b) \mod N$ ではなく，$(a + (N - (b \mod N))) \mod N$ と計算すべきである．q の導出に際しては上記の注意が必要である．

ラビン・カープ法による文字列照合においては，実際にハッシュ表の領域を確保する必要はないので，N は可能なかぎり大きくするのが合理的であり，整数変数のオーバーフローをもって mod 演算に代えると効率的である．ただしその場合，x として 2 を因数に含まない整数を選ぶべきである．

7.4 索引に基づく高速文字列照合

これまで注目点を逐次的にずらしながら照合を進める逐次型の文字列照合を扱ってきた．しかし長大なテキストからさまざまなパターンを何度も何度も照合しなければならない問題

にこれまで学んだ手法を適用しようとすると速度に限界が生じる．例えば，BM法における最良の場合を想定しても，テキスト長が m のテキストには $\lfloor m/n \rfloor$ 回の照合が必要であり，m に対して線形オーダーで速度が低下する．また複数のパターンを照合するような場合，パターンの個数に応じてさらに速度が低下する．

このように長大なテキストから複数のパターンを検索する文字列照合問題では，テキストに対する**索引**（index）を事前に作成しておき，索引に基づいてパターン照合する技法がよく利用されている．索引は普段の辞書検索でおなじみの技法であるが，一方で索引を前もって作成する手間や，作成した索引を管理するためのメモリ消費を考慮する必要がある．例えば，長大なテキストからの文字列照合の代表例として電子百科辞典や辞書での検索がよく挙げられるが，一昔前まで索引を作成するにも膨大な計算時間がかかり，大変なコストを要していた．さらに作成してもメインメモリに載らない（百科辞典の本体データよりも索引のほうが大きくなることが普通である）ことも多く，現代の電子辞典の作成には大変な苦労があった．しかし，近年のハードウェアの進歩に伴い，大規模メモリを比較的安価に利用できるようになった今日においては，メモリ空間を効果的に利用する索引ベースの照合法が広く適用されるようになってきている．本節では，トライ，パトリシアトライ，サフィックス木と呼ばれる木のデータ構造を利用した高速文字列照合法を学ぶ．

7.4.1 トライに基づく文字列照合

トライ（trie, prefix tree）は，木の一種でありトライ木とも呼ばれる．前章で述べたとおり，木は要素間に親子関係をもつデータ構造であった．木の中で親をもたない一番上の頂点は根と呼ばれる．根以外の各要素は必ず一つだけ親をもつ．子をもたない一番下の頂点は葉と呼ばれる．葉以外の各要素は少なくとも一つの子をもつ．さて図 **7.11** はトライの一例である．図のトライは，七つの英単語文字列の集合

$$K = \{\text{big, bit, but, cat, cut, tag, tie}\}$$

を表現している．各辺には文字ラベルが付与されており，根から葉に至る経路上の辺ラベルの列が，一つの文字列に対応していることがわかる．例えば，頂点 0–1–2–3 の経路は文字列 "big" に対応している．簡単にいえば，トライは**辺に文字情報が付いた木**と見なせる．このような木はさまざま考えられるが，すべてトライと呼ぶことができる．

いま $a[0:n]$ を $n+1$ 文字からなる文字配列とする．このとき，任意の i, j $(0 \leq i, j \leq n)$ について，$a[0:i]$ と $a[j:n]$ を，それぞれ a の**接頭辞**（prefix）と**接尾辞**（suffix）と呼ぶ．図 7.11 を見ると，共通の接頭辞をもつ各文字列は，トライ上のある頂点の下にまとめられて

152　7. 文字列照合

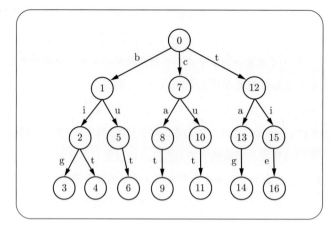

図7.11　トライの例

おり，接頭辞は根からその頂点に至る各辺の文字情報に相当することがわかる．例えば，頂点2は，文字列 "big"，"bit" に共通する接頭辞 "bi" に相当している．すなわちトライは文字列集合中の共通接頭辞を一つにまとめたようなデータ構造である．このため，ある接頭辞を共通にもつような文字列を全検索する**共通接頭辞検索**を，効率的に実行することができる．この種の検索は形態素解析などの自然言語処理で利用されている．なお Trie という名は「検索に利用できること」(reTRIEval) から由来する．フレドキン（E. Fredkin）らによる提案から50年以上たつが，文字列検索やデータ圧縮など，さまざまな問題に応用される代表的なデータ構造の一つである．

　本節では，2次元表を用いてトライの検索と挿入操作を実現するシンプルな手法を紹介する．トライを実現するには，各頂点について，その頂点から出発する辺情報を保持する必要がある．辺情報とは具体的にはその辺のラベルと辺の行き先頂点の二つである．英単語集合を考える場合，辺ラベルに付与される各文字はアルファベット（ここでは大文字と小文字は区別しない）である．このため各頂点に対して26個の要素をもつ固定長配列を一つ与えれば，その頂点からの辺情報をすべて保持できる．

　図7.12 は，図7.11で示したトライ上の頂点0から頂点2の辺情報が記載された2次元表（**トライ行列**と呼ぶ）である．行 i は頂点 i に対応しており，頂点 i から頂点 j への辺が存在し，その辺ラベルが k である場合，文字 k に相当する列要素に j が記載される．k に相当する列要素とは，厳密にいえば，文字 k の文字コード $h(k)$ をインデックスとする要素を指す．よって，トライ行列を $table$ と書くと，$table[i][h(k)] = j$ を満たす．例えば，頂点0から頂点1への辺には，b がラベルづけされているので，$table[0][h(b)] = 1$ となる．

　テキストを構成する単語文字列集合を $K = \{w_1[0:l_1], w_2[0:l_2], \ldots, w_m[0:l_m]\}$ とする．このとき，K のトライは Alg. 7.4 の手続きにより構成される．ただし，$table$ を保持す

7.4 索引に基づく高速文字列照合 153

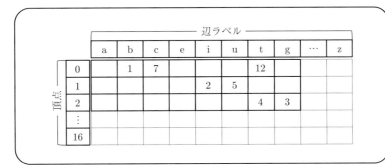

図 7.12 トライ行列の例

Algorithm 7.4 トライ行列の構成

1: **procedure** $generate(K, table)$
2:     ▷ K: 単語集合 $\{w_1, w_2, \ldots, w_m\}$, $table$: K のトライ行列
3:     initialize $table$ ▷ $table$ の初期化 (初期値は -1)
4:     $num \leftarrow 1$ ▷ num は新規登録される頂点番号
5:     **for** $i \leftarrow 1$ **to** m **do**   ▷ 単語 w_i を追加していく
6:         $(k, j) \leftarrow find(w_i, table)$ ▷ k は w_i と共通接頭辞をもつ頂点番号, j は共通接頭辞の配列長
7:         **while** $j < |w_i|$ **do**   ▷ w_i は未登録. 不一致部分 $w_i[j:l_i]$ の各文字を順次追加
8:             $table[k][h(w_i[j:j])] \leftarrow num$ ▷ トライ行列に辺情報を登録
9:             $k \leftarrow num, num \leftarrow num + 1, j \leftarrow j + 1$
10:        **end while**
11:    **end for**
12: **end procedure**

るための十分なメモリ領域は確保され，各要素は -1 で初期化されているものとする．

上記のアルゴリズムは単語集合の各要素を順にトライ行列 $table$ に追加する仕様となっている．図 7.11 のトライを基に動作を説明する．単語集合 $K = \{$big, bit, but, cat, cut, tag$\}$ が登録済みで，最後の単語 $w_7 = $ "tie" を追加する処理を考える．6 行目の $find$ 関数の呼び出しにより，w_7 との共通接頭辞（すなわち "t"）が探索され，$find$ 関数の戻り値 (k, j) は $(12, 1)$ となる．これは，頂点 12 が w_7 と共通接頭辞をもち，その配列長が 1 であることを意味する．単語 w_7 の配列長 $|w_7|$ は 3 であり，$j < |w_7|$ となるので，7 行目以降の while 文の処理の中で w_7 の不一致文字列 "ie" の各文字を順次登録していく．8 行目の処理において $table[12][h(i)]$ に 15 が代入されるが，これは頂点 12 から新頂点 15 に辺をつくり，その辺に文字 i をラベルづけすることに対応する．

単語 w とトライ $table$ との共通接頭辞を探索する $find$ 関数は以下の Alg. 7.5 で実現される．$table$ 中の各要素が -1 で初期化されていたとすると，$table[k][w[j:j]]$ が -1 以外の値をもつとき，頂点 k から文字 $w[j:j]$ のラベルが付与される辺が存在することがわかる．このとき k と j を更新し，共通接頭辞の探索をつづける．

Alg. 7.5 は，シンプルな方法だが高速に共通接尾辞を探索することができる．実際，配列

154 7. 文 字 列 照 合

Algorithm 7.5 共通接頭辞の探索

1: **function** $find(w, table)$
2:     ▷ w: 単語の文字列, $table$: トライ行列
3:     $k \leftarrow 0, j \leftarrow 0$ ▷ k と j の初期化
4:     **while** $table[k][h(w[j:j])] \neq -1$ **do**   ▷ 頂点 k から単語 $w[j:j]$ がラベル付けされた辺が存在
5:         $k \leftarrow table[k][h(w[j:j])]$ ▷ 頂点 k を更新
6:         **if** $j = |w| - 1$ **then**   ▷ j が w の末尾インデックスに到達している（$|w|$ は w の配列長）
7:             **break**
8:         **end if**
9:         $j \leftarrow j + 1$ ▷ 共通接頭尾の更新
10:     **end while**
11:     **return** (k, j) ▷ 共通接尾辞に対応する頂点 k と共通接尾辞の配列長 j の組
12: **end function**

長 n の単語の検索の場合，$O(n)$ の時間計算量で実現できる．この計算量は単語数 m に依存しておらず，大規模な単語集合上の検索も効率よく行うことができる．これは 7.4 節の冒頭で述べた逐次型アルゴリズムの問題点，すなわちテキスト長の線形オーダーで処理速度が低下する問題を本質的に解決していることを意味する．検索が単語長の線形時間で実現できるので Alg. 7.4 により配列長 n の単語を追加する時間計算量は $O(n)$ となる．よって m 個の単語をトライに追加する場合の時間計算量は $O(m \times n_{max})$ となる．ただし n_{max} は m 個の単語中の最長の配列長とする．

前章のグラフにおいて学んだとおり，トライ行列を隣接リストを用いて実装することも考えられる．隣接リストを用いて実装する場合，各頂点から出る辺情報は連結リストとして管理される．このため，ある文字をラベルにもつ辺を見つける場合は，連結リストを走査する線形探索が必要となる．何度も文字列照合を行う場合，この処理はボトルネックとなる．一方，トライ行列を用いた実装では，ランダムアクセスにより高速に共通接尾辞を探索することができる．その半面，各頂点から出る辺が少ない場合，トライ行列のほとんどの要素が -1 となる．このような行列のことを**疎**（**スパース**）であるというが，メモリの使用効率は悪い．トライ行列のメモリ効率を改善する手法として，5 章で学んだハッシュ表の他，近年ではダブル配列（double array）や LOUDS と呼ばれる簡潔データ構造も利用されるようになっている[†]．

7.4.2 パトリシアトライによる文字列照合

一般に，トライ上の各頂点は任意個の辺をもつことができる．ただし実装上は個数を限定したほうが容易に構築でき，かつ検索も高速化できる．本節では，**2 進木トライ**（binary digital search trie, **BDS trie**）と呼ばれるトライの特殊形に着目し，その効率的な実現方式

[†] これらの内容はより進んだ教科書（例えば文献 10)) を参照されたい．

としてパトリシアトライ（Patricia trie）を学ぶ．2進木トライは，登録単語の2進数表現を
トライ構造に格納したものである．簡単のため，以下では各アルファベット a, b, c, ..., z
の文字コードをそれぞれ10進数の 0, 1, 2, ..., 25 とし，内部では5ビットの2進数で表
現されているものと考える．例えば，前項で取り上げた七つの英単語は表 7.1 の2進数表現
で書くことができる．

表 7.1 英単語集合の 2 進数表現

英単語	文字コード	2 進数表現
big	1 / 8 / 6	00001 01000 00110
bit	1 / 8 / 19	00001 01000 10011
but	1 / 20 / 19	00001 10100 10011
cat	2 / 0 / 19	00010 00000 10011
cut	2 / 20 / 19	00010 10100 10011
tag	19 / 0 / 6	10011 00000 00110
tie	19 / 8 / 4	10011 01000 00100

図 7.13 は，上記の2進数表現を基に構成した2進木トライである．図のとおり，2進木ト
ライ上の各頂点はたかだか二つの辺をもち，それぞれ0と1のラベルが付与されている．図
中の横線（破線）は文字の区切りを意味する．また図では，葉頂点からさかのぼって分岐が
起こらない末尾文字の内部頂点を省略する代わりに，各葉にその頂点に対応する単語をラベ
ルづけしている．

2進木トライでは辺数が二つに限られているため，辺ラベル探索を高速に行うことができ
る．ただその半面，図のように分岐のない内部頂点を多く含む傾向がある．このような1方向

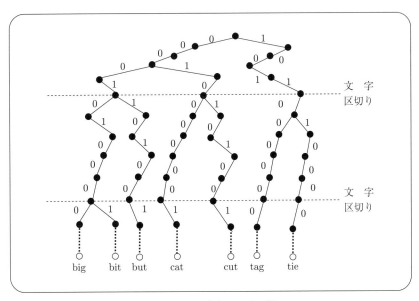

図 7.13 二進木トライの例

分岐を省略したトライがパトリシアトライである．ただし，省略された各辺のラベル値（ビット列）を，レコード情報として内部頂点が管理する必要がある．**図7.14** は図7.13 のパトリシア表現の例である．2重丸で記載される内部頂点には，省略されているレコード情報へのポインタが付与されている．ここでレコード情報とは省略されたビット列に相当し，図では $k(X)$（ただし X はビット列，k はそのビット長）と表記する．また白丸で記載される葉頂点には，根から葉までのパスに対応する単語情報がラベルづけされている．

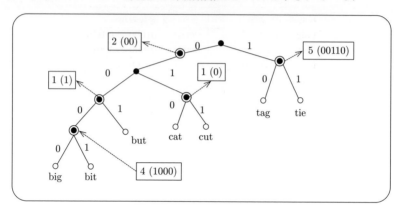

図 7.14 パトリシアトライの例

パトリシアトライにおいてビット長 k の単語の検索および追加にかかる時間計算量はともに $O(k)$ である．ただし冗長な内部頂点への辺情報をもつ必要がないため，他の二分木トライに比べて索引サイズも小さくなる．この索引サイズに関しては PAT アレイなどでさらに圧縮する方式も考案されている．

7.4.3 サフィックス木に基づく文字列照合

英語のように単語間の区切りがはっきりしている場合，テキスト中の単語集合をトライとして保持することは容易である．他方，日本語のように単語区切りが必ずしも明確でない場合，これまでの手法をそのまま適用することが難しくなる．本項では，このように索引づけする文字列が明確に切り分けできないテキストを扱う手法として，サフィックス木を学ぶ．

いま検索対象のテキスト $haystack$ を $m+1$ 文字からなる文字列配列とし，$h[0:m]$ と表す．ただし，$h[m:m]$ は，他の文字列に出現せず，辞書式順で最も小さい特殊文字 \$ とする．このとき，$haystack$ から生成できるすべての接尾辞の集合を K_h と表す．すなわち

$$K_h = \{h[0:m],\ h[1:m],\ \ldots,\ h[m:m]\}$$

である．K_h をトライとして表現したものを**サフィックス木**（suffix tree, **接尾辞木**ともいう）

と呼ぶ.

例えば, $haystack = $ "にわににわのにわとり" としたときの K_h は 11 個の接尾辞から構成される. 図 **7.15** の左のリストでは, 各接尾辞 $h[i:n]$ について, その先頭文字のインデックス i が付されている. K_h の各接尾辞を辞書式順に整列した配列は**サフィックス配列**（suffix array）と呼ばれる（図 7.15 の右のリストに相当する）.

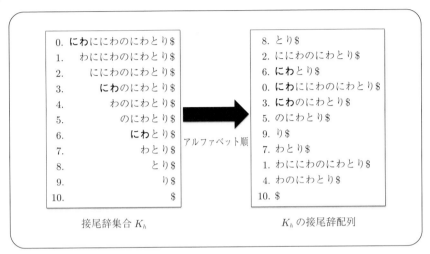

図 **7.15** 接尾辞集合の例

この接尾辞配列を用いることで, $haystack$ 中の部分文字列を検索することができる. 例えば, パターン $needle = $ "にわ" を考える. このパターンの $haystack$ 上での出現位置は, 0, 3, 6 番であるが, これらは, $needle$ を接頭辞にもつ接尾辞の先頭インデックスに相当する. さらにサフィックス配列上では, これらの接尾辞は連続して並んでいることに気づく. この性質を基にサフィックス配列を二分探索すれば, 効率よく文字列照合を実現できる.

サフィックス木は, K_h をトライとして表現したものである. ただし, 前節のパトリシアトライを導入する際に述べたとおり, 通常のトライは冗長な内部頂点を含む場合がある. ここでは, トライ上の一方向分岐を縮約したものをサフィックス木と定義する. 図 **7.16** は先の例の K_h におけるサフィックス木を表している. 各葉には, 根から葉へのパスに相当する接尾辞の先頭文字インデックスが付与されている. ただし通常のトライとは異なり, 一方向分岐しかない内部頂点はすべて削除される. 例えば, インデックスが 1 の葉頂点は接尾辞 "わににわのにわとり$" に対応するが, "わに" 以降の文字列に対応する頂点はすべて削除される.

文字列 $h[0:m]$ に対するサフィックス木は, アルファベットサイズ（文字の種類数）によらず $O(m)$ の時間で構築できることが知られている[†]. また, サフィックス木の葉の個数は

[†] サフィックス木の構築法は本書の範囲を超えるため省略する. 詳細は文献 11) などを参照されたい.

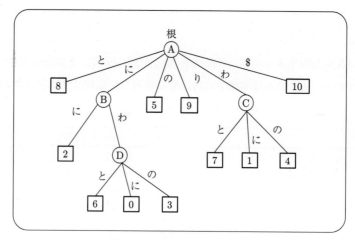

図 7.16　サフィックス木の例

$m+1$ 個であり，また葉以外の頂点（内部頂点と呼ぶ）の数はたかだか m 個である．これは一方向分岐を縮約しているためである（証明は理解度チェック問題とする）．したがって，サフィックス木のメモリサイズも $O(m)$ となる．ここではシンプルに，7.4.1 項で述べたトライ行列 $table$ によりサフィックス木が構成されているとする．ただし $table[i][w[u:v]] = num$ は，頂点 i から頂点 num へ辺があり，そのラベルが $w[u:v]$ であることを表す．通常のトライでは，辺ラベルは 1 文字（すなわち，$u=v$）だが，サフィックス木では一方向分岐の内部頂点を縮退するため，ラベルは文字列となる．図 7.16 のサフィックス木を表すトライ行列は図 7.17 のようになる．

頂点	と	に	の	り	わ	$
A	8	B	5	9	C	10
B		2			D	
C	7	1	4			
D	6	0	3			

図 7.17　サフィックス木のトライ行列の例

サフィックス木を構成後，パターン $needle$ の探索は Alg. 7.6 の手順により行うことができる．先ほどの $needle = $ "にわ" を探索する場合を考える．根から順に辺ラベルを照合することで，$needle$ の文字列に対応する内部頂点を見つけることができる．この例では頂点 D がそれに対応する．また頂点 D がもつ各葉のラベル 0, 3, 6 は求める出現インデックスに相当することがわかる．このように任意の部分文字列の出現インデックスは，文字列に対応する頂点（この例では D）の葉ラベルに相当する．この性質を基にサフィックス木上で高速に文

本　章　の　ま　と　め　　**159**

Algorithm 7.6 サフィックス木上の文字列検索

```
1: function search(table, needle)
2:       ▷ table: サフィックス木を表す 2 次元配列, needle: パターン (パターン長 n)
3:    (k, j) ← find(needle, table)  ▷ k は needle と共通接頭辞をもつ頂点番号, j はその接頭辞の配列長
4:    if  n = j  then                                    ▷ 共通接尾辞と needle が一致した
5:       return getLeaves(k, table)              ▷ 頂点 k がもつすべての葉ラベルを返す
6:    end if
7:    return −1
8: end function
```

字列検索を行うことができる.

　サフィックス木は，部分文字列検索の他にも，二つの文字列に含まれる**最長共通部分文字列**（longest common subsequence, **LCS**）の検索などの高度な文字列検索にも利用される．なお LCS は，類似文章の検索（例えばコピペの発見）や DNA の塩基配列解析などで幅広く利用される．

本章のまとめ

　本章では，文字列照合問題に対する逐次型探索アルゴリズムとして力まかせ法とボイヤー・ムーア法を学び，ハッシュを用いたラビン・カープ法を学んだ．次に索引に基づく文字列検索として，トライ，パトリシアトライおよびサフィックス木を用いた手法を学んだ．これらを簡単にまとめよう．

1. 　力まかせ法の時間計算量は最良の場合 $O(m)$ であり，最悪の場合 $O(m \times n)$ である．ただし m はテキスト長，n はパターン長である．

2. 　ボイヤー・ムーア法は，パターンの末尾から照合を行う手法であり，テキスト注目点とパターン注目点を更新しながら照合を進めていく．不一致文字に対するテキスト注目点の移動量を事前に求めておくことで高速化を図っている．時間計算量は最良の場合 $O(m/n)$ である．また本書で示したアルゴリズムは最悪の場合 $O(m \times n)$ であるが，工夫すれば $O(m + n)$ にできることが知られている．

3. 　ラビン・カープ法は，検索対象の各部分文字列のハッシュ値を利用した照合法である．逐次的に導出できるハッシュ関数を利用することで，特にハッシュ値の衝突が少ない場合，高速な照合を実現できる．

4. 　トライはテキストを構成する各単語の共通接頭辞を一つの頂点にまとめて構成される木である．パターン長 n のパターンの検索は単語数 m に依存せず $O(n)$ で行うことができる．また m 個の単語中の最大配列長を n_{max} とすると $O(m \times n_{max})$ の時間計算量により構築できる．

5. 　パトリシアトライは，2 進木トライ上の分岐のない内部頂点を縮退して構成さ

160   7. 文 字 列 照 合

れるトライのことである.

6. サフィックス木は,日本語のように単語区切りがはっきり定まらないようなテキストにおける代表的な索引であり,テキストから構成されるすべての接尾辞の集合から構成されるトライのことである. m 個の接尾辞を逐次的に追加していくことで,$O(m)$ の計算量で構成できることが知られている.

●理解度の確認●

問 7.1 Alg. 7.1 の 3 行目において,$m - n$ より大きい pos の照合を行っていない.この理由を答えよ.

問 7.2 力まかせ法の時間計算量が最良となる例と逆に最悪となる例をそれぞれ示せ.

問 7.3 $needle = \text{``}boyermoore\text{''}$ における各文字の移動量を Alg. 7.2 により求めよ.

問 7.4 力まかせ法と BM 法を実装し,テキスト長 m とパターン長 n に対する性能を評価せよ.

問 7.5 Alg. 7.4 を実装し,英単語集合のトライ行列を構成せよ.また Alg. 7.5 を基に,入力した英単語をトライ行列から検索するプログラムを実装せよ.

問 7.6 文字列 $h[0 : m-1]$ に対するサフィックス木において,葉の個数が $m+1$ 個であり,また葉以外の内部頂点の数がたかだか m 個であることを証明せよ.

8 アルゴリズム技法

　我々がコンピュータを用いて解かなければならない現実の問題はさまざまであるが，その問題を解くアルゴリズムをいかに設計するかによって性能（応答時間や消費メモリ）に大きな違いが生じる．この違いは，扱う問題が難しくなればなるほど顕著になる．ビッグデータ時代を迎えた今日においてその問題の構造や特有の性質を明らかにしながら，効率的なアルゴリズム技法を利用するスキルが求められるようになっている．本章では，アルゴリズムの代表的技法として，分割統治法（divide and conquer method），動的計画法（dynamic programming），分枝限定法（branch and bound method）の三つを学ぶ．最後に，より進んだ内容として，オンライン近似アルゴリズム（online approximation algorithm）と呼ばれる技法を紹介する．

8.1 分割統治法

分割統治法（divide and conquer）とは，元の問題を小規模な部分問題に分割し，部分問題の解を結合することで全体の解を得る手法である．手続きの概要を Alg. 8.1 に示す．

Algorithm 8.1 分割統治法の手続き

1: **procedure** DIVIDE&CONQUER(P：元問題, t：問題の最小サイズ)
2:     P を部分問題 $P_1, P_2, \ldots, P_k$ に分割する
3:     **for** $i \leftarrow 1$ to k **do**
4:         **if** P_i のサイズが t 以上 **then**
5:             DIVIDE&CONQUER(P_i, t) を呼び出す
6:         **else**
7:             P_i を解く
8:         **end if**
9:     **end for**
10:    各 P_i の解を統合して，P の解を求める
11: **end procedure**

分割統治法は本書で扱ってきた手法の中ですでに何回か登場している．例えば，3 章で学んだマージソートは，(1) 配列の要素数が 2 以上ならば，を二つの部分配列に分割し，(2) 各部分配列を再帰的に整列し，(3) 整列済みの配列を一つに統合する，という三つの手続きから構成されていた．Alg. 8.1 との対応は以下のようになる．2 行目の問題の最小サイズ t は 2 とすればよい．手続き (1) は Alg. 8.1 の 3 行目の処理に相当する．生成される部分問題の数 k は 2 である．また手続き (2) と手続き (3) はそれぞれ 4–9 行目と 10 行目の処理に対応づけられる．

分割統治法を利用する際，二つのポイントを抑えることが重要である．第 1 のポイントは「分割処理と統合処理をいかに軽くできるか」である．マージソートの場合，分割は $O(1)$ で済む反面，整列済み配列 A, B の統合には $O(|A| + |B|)$ の線形時間を要する．ここで $|A|$ と $|B|$ はそれぞれ配列 A と B 中の要素数である．クイックソートの場合は，ピボットと呼ばれる基準値を設定し，その値より大きい要素をもつ部分配列と小さい要素をもつ部分配列に分割した．それぞれの配列はピボットを中間において単に連結すればよいので，統合処理は $O(1)$ で済む．その半面，問題分割する際に配列を一度走査する手間がかかる．このように，分割と統合の手間は互いにトレードオフの関係になることが多い．実用上の観点から見たとき，分割処理のオーバーヘッドとその処理がもたらす統合コストの軽減の関係を見ながら，注

意深くアルゴリズムを設計する必要がある.

第2のポイントは「部分問題同士で無駄な計算をいかに防ぐか」である.例として,二分探索木に格納された要素を検索する問題を考える.4章で学んだとおり,二分探索木を用いた検索では根から再帰的検索を行う.根頂点のキーより検索対象が大きい(小さい)場合,右(左)の部分木に絞って検索する(図8.1).この検索は,二分探索木の性質「頂点ラベルより大きい(小さい)要素は必ず右(左)部分木に格納されること」を利用している.即ち,二分探索木では各部分木に重複する要素が存在しないため,検索が効率よく行われる.このような分割統治型の探索や整列のアルゴリズムでは,元データを排他的に分割して部分問題を生成するため,部分問題同士で重複計算が発生せず,効率のよい計算を行うことができる.

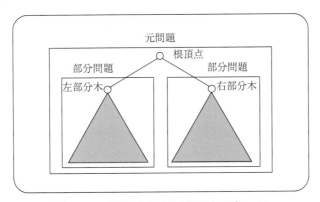

図 8.1　二分探索木上での分割統治アプローチ

8.1.1　分割統治法の適用例

本項では第1のポイント,特に統合処理の重要さを示す例として,**最近点対**(closest–pair of points)問題を取り上げる.n 個の d 次元ベクトルの集合 $S = \{P_1, P_2, \ldots, P_n\}$ が与えられたとき,最近点対問題は S の中で最も距離の短いベクトル対を求める問題である.簡単のため本書では $d = 2$ とし,2次元空間上に配置される点集合 S の最近点対問題を考える.また2点間の距離はユークリッド距離で与えるものとする.この2次元空間上の最近点対問題は,計算幾何の初期の代表的な問題としても有名であり,衝突防止のため車間位置を監視する交通システムなどで利用されている.n 個の任意の2点間の距離は,素朴な力まかせ法でも $O(n^2)$ の時間で解くことができるが,衝突予防に必要な実時間処理は難しい.分割統治法を用いれば $O(n \log n)$ で解くことができ,実時間処理も可能になる.分割統治のアイデアを理解するために,図8.2 の6点からなる集合 S を考える.

点集合 S 中の最近点対は (P_3, P_4) である.分割統治法により求めるために,まず,S を二

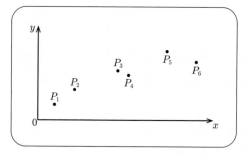
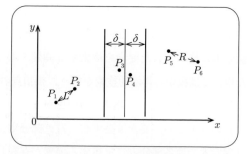

図 8.2　最近点対問題の例　　　図 8.3　最近点対を求める分割統治法のアイデア（1）

つの部分集合 S_L, S_R に分割する．分割は各点の X 座標により行うものとする．このとき $S_L = \{P_1, P_2, P_3\}$ と $S_R = \{P_4, P_5, P_6\}$ となる．いま S_L と S_R における最近点対の距離をそれぞれ L と R とし，その小さいほうを δ とする（$\delta = min(L, R)$ である）．このとき S の最近点対の距離は δ か，もしくは S_L と S_R から 1 点ずつ選択してできる点対の最小距離のどちらかとなる．後者の場合，最近点対の距離は必ず δ 未満となるため，図 8.3 のように，S_L と S_R の境界線からの距離が δ 未満の点だけに注目し，S_L と S_R の間の 2 点対で距離が δ 未満となるものを調べればよいことになる．ここで S_L と S_R の境界線は，S_L の最右点（P_3）と S_R の最左点（P_4）の中点を通る垂線である．

この探索を効率的に行うことができれば，S_L と S_R の部分問題の統合を高速に行うことができる．境界線からの（垂直）距離が δ 未満である S_L と S_R の点の集合を，それぞれ N_L と N_R と書くことにするとき，上の例では，$N_L = \{P_3\}$, $N_R = \{P_4\}$ となるので，調べるべき点対は (P_3, P_4) の一つのみとなる．しかし最悪の場合，n 個全ての点が N_L もしくは N_R に属する可能性があり，その場合には探索対象の点対は $O(n^2)$ 個存在してしまう．よって，素朴な手法では最悪 $O(n^2)$ の時間計算量がかかり，高速化は保証できない．

探索は，距離が δ 未満の点対だけを対象とすればよいことに注意すれば，探索対象を減らすことができる．図 8.4 にそのアイデアを示す．いま N_L 中の任意の P に対して，P との距離が δ 未満である点が N_R 中に最大いくつ存在するか考える．P との距離が δ 未満なので，そのような点は，図のように，境界線と P を通る水平線を基準とした辺の長さを δ とする二つの格子の中に必ず位置することになる．この二つの格子に含まれる N_R 中の点の集合を V_P とし，この V_P が最大いくつの点を含むかを考えてみる．一見，何個でも含めることができそうに思えるが，N_R 中の任意の点対の距離は少なくとも δ 以上であるため，最も密に詰めて配置しても，図 8.4 に示すとおり，せいぜい六つしか含めることができない．N_L の他の点においても同様であるので，探索対象となる点対の組合せは全体で $O(n)$ しかないことがわかる．

ただし，これだけで直ちに N_L と N_R 間の最近点対検索を $O(n)$ で実現できたとはいえない．実際には，点 P に対して検索の対象となる最大六つの点に高速にアクセスする必要があ

8.1 分割統治法

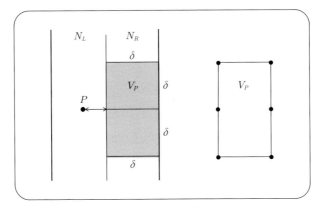

図 8.4 最近点対を求める分割統治法のアイデア（2）

る．例えば，Y 座標の値で N_L と N_R の各点を整列した上で，ハッシュなどを利用して V_P 中の各点に定数時間でアクセスできるようにするなど，の工夫が必要となる．

以上のアイデアを用いたアルゴリズムを Alg. 8.2 に示す．いま n 個の点を含む集合の最近点対を Alg. 8.2 により求める時間計算量を $T(n)$ とするとき，$T(n)$ が $O(n \log n)$ であることを示す．まず要素数が等しくなるよう分割処理を行うので，$T(n) = 2T(n/2) + d(n) + q(n)$

Algorithm 8.2 分割統治法により最近点対を求める手続き

1: **function** CLOPAIR(S^x, S^y)
2:     ▷ n 個の点からなる配列 $S^x = (p_1^x, \ldots, p_n^x)$, $S^y = (p_1^y, \ldots, p_n^y)$
    ▷ ただし S^x (resp. S^y) は X 座標 (resp. Y 座標) の値で各点を整列した配列
3:     **if** $n = 1$ **then**
4:         **return** $(p_1^x, p_1^x, -\infty)$ ▷ 要素が一つの場合，最近点対は存在しない
5:     **else if** $n = 2$ **then**
6:         **return** $(p_1^x, p_2^x, dist)$ ▷ 要素が二つの場合，p_1^x と p_2^x が最近点対（$dist$ はその 2 点間距離）
7:     **else**
8:         S^x を二つの部分配列 $S_L^x = (p_1^x, \ldots, p_m^x)$, $S_R^x = (p_{m+1}^x, \ldots, p_n^x)$ に分割する
        ただし $m = \lceil \frac{n}{2} \rceil$ であり，p_m^x は S^x 上の中間要素を指す
9:         2 点 p_m^x と p_{m+1}^x の X 座標の平均値 b を求める   ▷ 軸 $x = b$ が境界線に相当する
10:        S_L^x, S_R^x の配列要素を Y 座標の値で整列した配列 S_L^y, S_R^y を S^y をもとに構成する
11:        $(p_1, q_1, L) \leftarrow$ CLOPAIR(S_L^x, S_L^y) ▷ (p_1, q_1) は部分問題の最近点対，L はその距離
12:        $(p_2, q_2, R) \leftarrow$ CLOPAIR(S_R^x, S_R^y) ▷ (p_2, q_2) は部分問題の最近点対，R はその距離
13:        $\delta \leftarrow min(L, R)$ ▷ L と R のうち小さいほうを δ とする
14:        S_L^y の要素のうち，X 座標の値が $b - \delta$ 以上であるものを残した配列 N_L をつくる
15:        S_R^y の要素のうち，X 座標の値が $b + \delta$ 以下であるものを残した配列 N_R をつくる
16:        $(p_3, q_3, V) \leftarrow$ MIDPAIR(N_L, N_R, δ) ▷ N_L と N_R 上の最近点対探索
17:        **if** $V < \delta$ **then**
18:            **return** (p_3, q_3, V)
19:        **else if** $\delta = L$ **then**
20:            **return** (p_1, q_1, L)
21:        **else**
22:            **return** (p_2, q_2, R)
23:        **end if**
24:     **end if**
25: **end function**

166　8. アルゴリズム技法

と書ける．ただし，$d(n)$ と $q(n)$ はそれぞれ分割処理と統治処理にかかる時間計算量とする．Alg. 8.2 では，X 座標と Y 座標の値で整列した配列 S^x, S^y を利用しており，中間点 p_m^x および境界線 $x = b$ は $O(1)$ で求められる．S_x と S_y は整列済みなので，10 行目に相当する分割処理の計算量 $d(n)$ は $O(n)$ となる．統治の主な処理は，境界線付近の最近点対を求める手続き（Alg. 8.3）である．N_L と N_R の要素数の総和はたかだか n であり，N_L の各点 p に対して，V_p の要素数はたかだか 6 個であり，各要素へは定数時間でアクセスできる．すなわち，$q(n)$ の時間計算量は $O(n)$ である．よって，$T(n) = 2T(n/2) + O(n)$ と書ける．ここで簡単化のため，n は 2 のべき数 $n = 2^k$ $(k > 0)$ と仮定すると，$T(n)$ の漸化式を次のように表せる．

$$T(2^k) = 2T(2^{k-1}) + b \times 2^k$$

ただし，b は定数とする．この漸化式を展開すると，$T(2^k) = 2^k \times T(1) + k \times b \times 2^k$ を得る．$T(1)$ は定数時間なので，$T(2^k) = O(k \times 2^k)$ と書ける．n を用いて書き直すと，$T(n) = O(n \log n)$ となる．このように，素朴な手法では $O(n^2)$ かかる最近点対問題は，分割統治法を用いることで $O(n \log n)$ で解くことができる．

Algorithm 8.3 境界線付近の最近点対を求める手続き

1: **function** MIDPAIR(N_L, N_R, δ)
2:　　▷ N_L, N_R: 境界線付近の点集合，δ: 最小距離の暫定値
3:　　$min \leftarrow \infty$　　　　　　　　　　　　　　　　　　　　　　▷ 最近点対距離 min の初期化
4:　　**for** $p \in N_L$ **do**
5:　　　　p の Y 座標 y_p としたとき，Y 座標が $y_p - \delta$ 以上 $y_p + \delta$ 以下である N_R 上の点集合 V_p を求める
6:　　　　p と最も近い V_p 中の点 q とその距離 r を求める
7:　　　　**if** $r < min$ **then**
8:　　　　　　$(u, v, min) \leftarrow (p, q, r)$
9:　　　　**end if**
10:　　**end for**
11:　　**return** (u, v, min)
12: **end function**

8.1.2　分割統治法の性質

　分割統治法による時間計算量は，分割処理と統治処理によってさまざまであるが，いくつかのパラメータによって体系化することができる．これは一般に**マスター定理**（master theorem）[12] として知られているが，本節ではその簡易版を紹介する．

　いま，n 個のデータからなる元問題を a 個の小問題に分割して解く分割統治アルゴリズムを考えよう．ここで各部分問題は n/c 個のデータを用いて解くものとする（ただし $a > 1$, $c > 1$ とする）．このとき，元問題を解くための時間計算量を $T(n)$ と書くと，次の漸化式を

得る.

$$T(1) = b, \qquad T(n) = a \times T(n/c) + d(n) + q(n)$$

ただし，b は $n = 1$ のときに要する計算時間を示す定数とする．また $d(n)$ と $q(n)$ はそれぞれ分割と統治にかかる時間計算量とする．ここで $d(n)$ と $q(n)$ が n に比例した計算量（$\Theta(n)$ と考えてよい）で実現できると仮定する．簡単のため，$d(n) + q(n) = b \times n$ とし，n は c のべき数 c^k（$k \geq 0$）で表せるものとする．このとき，$x_k = T(c^k)$ とおくと，$x_0 = b$ と $x_k = a \times x_{k-1} + b \times c^k$（$k > 0$）となる．この漸化式の一般項を求めると，$x_k = b \times c^k \times \sum_{i=0}^{k}(a/c)^i$ となる．

場合 1：$\underline{a < c \text{ のとき}}$　　一般項は $x_k = b \times c^k \times \dfrac{1 - (a/c)^{k+1}}{1 - a/c}$ となる．k が十分大きいとき，$\dfrac{1}{2} < 1 - (a/c)^{k+1} < 1$ なので

$$\frac{1}{2} \times \frac{b}{1 - a/c} \times c^k < x_k < \frac{b}{1 - a/c} \times c^k$$

が成り立つ．よって，$T(n) = x_k = \Theta(c^k) = \Theta(n)$ を得る．

場合 2：$\underline{a = c \text{ のとき}}$　　一般項は $x_k = b \times c^k \times (k + 1)$ となる．よって $T(n) = x_k = \Theta(n \log n)$ を得る．

場合 3：$\underline{c < a \text{ のとき}}$　　一般項は $x_k = b \times c^k \times \dfrac{(a/c)^{k+1} - 1}{a/c - 1}$ となる．k が十分大きいとき，$(a/c)^{k+1} - 1 > (a/c)^k$ より

$$x_k > c^k \times \frac{b}{a/c - 1} \times (a/c)^k = \frac{b}{a/c - 1} \times a^k$$

となる．また，$x_k < c^k \times \dfrac{b}{a/c - 1} \times (a/c)^{k+1} = \dfrac{b}{a/c - 1} \times a/c \times a^k$ が成り立つ．よって，$T(n) = x_k = \Theta(a^k) = \Theta(n^{\log_c a})$ を得る．

　小問題で利用されるデータの総計は $(n/c) \times a$ である．よって $a < c$ の場合，元問題のデータ数 n より小さく，小問題に分割する時点でいくつかのデータを捨てていることになる．このような分割統治計算（**縮小法**とも呼ばれる[17]）の実現はかなり難しいが，成功した例としては「未整列の n 個の実数の集合から，小さいほうから k 番目の大きさの実数を時間計算量 $\Theta(n)$ で選出」するアルゴリズム[15],[17] が有名である．このアルゴリズムのデータの分割操作は，非常によく工夫されている．$a > c$ の場合は逆に，小問題で利用されるデータの総計が n より大きく，いくつかのデータを重複して使用することになる．$a = c$ の場合は元データを欠損や重複なく，排他的に分割する．整列や探索問題において多くの分割統治型アルゴリズムが開発されている．先に示した最近点対問題は $a = c = 2$ で場合 2 に相当する．以上か

168　　8. アルゴリズム技法

ら，分割と統合が n に比例する計算量で実現できる分割統治法の計算量は以下のようになる．

> **簡易型マスター定理：分割統治法の時間計算量**
>
> (1)　$a < c$ のとき $T(n) = \Theta(n)$
>
> (2)　$a = c$ のとき $T(n) = \Theta(n \log n)$
>
> (3)　$a > c$ のとき $T(n) = \Theta(n^{\log_c a})$

上のマスター定理を用いて行列積の分割統治型計算の計算量を導出してみよう．$2^n \times 2^n$ $(n \geq 0)$ 行列 A と B の行列積 $C = A \times B$ の計算を考える．A, B, C はそれぞれ図 **8.5** のように四つの区分に分割して表現でき，C の各区分行列 C_{ij} $(1 \leq i, j \leq 2)$ は A と B の各区分行列の積を用いて計算できる．例えば C_{11} は，$A_{11} \times B_{11}$ と $A_{12} \times B_{22}$ を求め，その和を計算すればよい．Alg. 8.4 は，$2^n \times 2^n$ $(n \geq 0)$ 行列の A と B の行列積を求めるアルゴリズムである．元問題を 8 個の小問題に分割し，それぞれの小問題の入力データのサイズは $n/2$ である．よって $a = 8$, $c = 2$ となり，Alg. 8.4 は，場合 3 の分割統治アルゴリズムに相当することがわかる．分割と統治はそれぞれ $\Theta(n)$ の計算量で行えるので，上述の考察より，このアルゴリズムの計算量は $\Theta(n^{\log_2 8}) = \Theta(n^3)$ であることがわかる．

行列演算は理工学のさまざまな分野で応用される基盤的な処理であるが，大規模な行列を

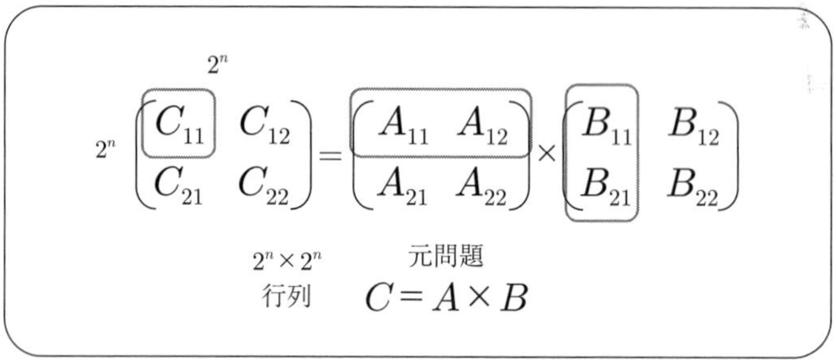

$$2^n \begin{pmatrix} C_{11} & C_{12} \\ C_{21} & C_{22} \end{pmatrix} = \begin{pmatrix} A_{11} & A_{12} \\ A_{21} & A_{22} \end{pmatrix} \times \begin{pmatrix} B_{11} & B_{12} \\ B_{21} & B_{22} \end{pmatrix}$$

$2^n \times 2^n$ 行列　　元問題　$C = A \times B$

図 **8.5**　分割統治法による行列積の計算

Algorithm 8.4 分割統治法により行列積を求める手続き

1: **function** MatProd(A, B, n)
2:　　　▷ A, B：大きさ $2^n \times 2^n$ $(n \geq 0)$ の行列
3:　　　▷ A, B の分割行列 A_{ij}, B_{ij} $(1 \leq i, j \leq 2)$ から，各 C_{ij} $(1 \leq i, j \leq 2)$ を計算する
4:　　**if** $n = 0$ **then**
5:　　　　$C_{11} \leftarrow A_{11} \cdot B_{11} + A_{12} \cdot B_{21}, \ C_{12} \leftarrow A_{11} \cdot B_{12} + A_{12} \cdot B_{22}$
6:　　　　$C_{21} \leftarrow A_{21} \cdot B_{11} + A_{22} \cdot B_{21}, \ C_{22} \leftarrow A_{21} \cdot B_{12} + A_{22} \cdot B_{22}$
7:　　**else**
8:　　　　$C_{11} \leftarrow$ MatProd$(A_{11}, B_{11}, n-1) +$ MatProd$(A_{12}, B_{21}, n-1)$
9:　　　　$C_{12} \leftarrow$ MatProd$(A_{11}, B_{12}, n-1) +$ MatProd$(A_{12}, B_{22}, n-1)$
10:　　　　$C_{21} \leftarrow$ MatProd$(A_{21}, B_{11}, n-1) +$ MatProd$(A_{22}, B_{21}, n-1)$
11:　　　　$C_{22} \leftarrow$ MatProd$(A_{21}, B_{12}, n-1) +$ MatProd$(A_{22}, B_{22}, n-1)$
12:　　**end if**
13:　　**return** 各 C_{ij} を図 8.5 のように統合した C
14: **end function**

高速に解くために，**並列処理**（concurrent process）を行うことが多い．一般に，分割統治法をうまく適用できる問題は，並列処理との親和性が高い．分割統治法が適用できる場合は，各部分問題が独立して解けるため，並列に解くことが原理的に可能である．特に行列積のように部分問題の求解時間が均一な場合，言い換えれば特殊な部分問題がボトルネックにならない場合，並列計算は性能改善のための更なる有効手段となる．

分割統治法を支える計算原理は，分割された各部分問題の**再帰計算**（recursive computation）である．二分探索やクイックソートなどの分割統治アルゴリズムは再帰計算を行うが，「再帰計算アルゴリズムが常に分割統治法となるわけではない」点に注意する必要がある．その例として，フィボナッチ数列の値を再帰計算により求める問題を考える．

フィボナッチ数列 $0, 1, 1, 2, 3, 5, 8, 13, \ldots$ は，次の漸化式で定義される数列 $fibo(n)$ である．

$$fibo(n) = \begin{cases} n & \text{if} \quad n = 0 \text{ または } 1 \\ fibo(n-1) + fibo(n-2) & \text{otherwise} \end{cases}$$

再帰的に定義されているため，Alg. 8.5 のシンプルな再帰手続きで求めることができる．

Algorithm 8.5 再帰計算により $fibo(n)$ を求める手続き

1: **function** GETF(n: 非負整数)
2:     **if** $n \leq 1$ **then**
3:         **return** n
4:     **end if**
5:     $fibo_1 \leftarrow$ GETF($n-1$)
6:     $fibo_2 \leftarrow$ GETF($n-2$)
7:     **return** $fibo_1 + fibo_2$
8: **end function**

Alg. 8.5 では，元問題 $fibo(n)$ を $fibo(n-1)$ と $fibo(n-2)$ を求める二つの部分問題に分割し，最後に二つの解の和（統合）を出力する．一見，分割統治法のように見えるが，実際はそうではない．図**8.6** は $n = 6$ における GETF の再帰呼び出しの過程を表している．図中の各頂点は，頂点内の整数 i の GETF(i) の計算プロセスを意味している．各頂点は，二つの部分問題を解いて実現されるが，それが子頂点として表現されている．$i \leq 1$ の頂点は再帰呼び出しを必要としないので，葉（形状が四角の頂点）となっている．GETF(6) の値は，木を左深さ優先で各頂点をなぞり，その頂点の解を順次統合しながら求められる．

さて，この木をよく見ると，同一の頂点が複数存在することに気づく．例えば，GETF(3) の頂点は 3 回，GETF(2) の頂点は 5 回出現している．Alg. 8.5 は同一の部分問題を何度も解く無駄な計算を行っており，時間計算量は $O(2^n)$ の指数時間となる．

部分問題に重複がある場合，再帰計算の過程で何度も同じ問題を解いてしまう可能性がある．この問題は，本節冒頭に挙げた分割統治法を適用する上での第 2 のポイント「部分問題同士で無駄な計算を防ぐ」ことの重要性を示唆している．二分探索や最近点対探索のように，

170　8. アルゴリズム技法

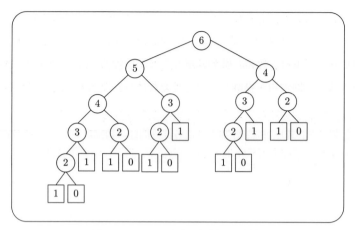

図 8.6　GETF の再帰呼び出しの過程

データを分割して部分問題を作成する問題は，部分問題が互いに独立となることが多く，分割統治法との相性がよい．上のフィボナッチ数列のように部分問題同士に重複や依存関係が生じる問題に対しては，次節の動的計画法が非常に有効な解決法になる．

☕ 談 話 室 ☕

シュトラッセン（Strassen）のアルゴリズム　分割統治法を用いた行列積計算では，1969 年に考案された**シュトラッセン法**が有名である．本節の Alg. 8.4 では，8 個の部分行列積を用いて元問題を解き，時間計算量は $\Theta(n^{\log_2 8}) = \Theta(n^3)$ となった．これに対し，シュトラッセンの手法では，7 個の部分行列積を用いて解く．$a = 7$, $c = 2$ となるため，$\Theta(n^{\log_2 7}) = \Theta(n^{2.81})$ の計算量で（理論的には）解くことができる．発表当時，$O(n^3)$ の壁を破ったシュトラッセン法は大変な驚きをもって受け取られたといわれている．

この 1 次元バージョンとして，n 桁同士の実数の乗算を $\Theta(n^{\log_2 3}) = \Theta(n^{1.59})$ で実行する分割統治型アルゴリズム[15), 17)] があり，こちらも非常に有名である．

8.2 動的計画法

動的計画法（dynamic programming）は，部分問題が独立していない問題を高速に解くアルゴリズム技法である．基本となるアイデアは「再帰計算の過程で一度出てきた部分問題の

解を記憶する」ことにある．非常にシンプルなアイデアだが，効果的に重複計算を防止できる．全体の処理を劇的に高速化でき，実応用の観点から非常に重要な技法である．

まずはじめにフィボナッチ数列の例を用いて，動的計画法の基本アイデアを理解していく．動的計画法によりフィボナッチ数列を求める手続きは Alg. 8.6 のように構成される．

Algorithm 8.6 動的計画法により $fibo(n)$ を求める手続き

1: **function** $\text{GETF}_{DP}(n:$ 非負整数$)$
2: 　　$n+1$ 個の要素をもつ整数型配列 $knownF$ を用意し，各要素を 0 で初期化する
3: 　　$knownF[0] \leftarrow 0,\ knownF[1] \leftarrow 1$
4: 　　**return** $\text{GET}(n, knownF)$
5: **end function**

6: **function** $\text{GET}(n, knownF)$
7: 　　**if** $n \leq 1$ **then**
8: 　　　　**return** $knownF[n]$
9: 　　**else if** $knownF[n] > 0$ **then**
10: 　　　　**return** $knownF[n]$
11: 　　**else**
12: 　　　　$knownF[n] \leftarrow \text{GET}(n-1, knownF) + \text{GET}(n-2, knownF)$
13: 　　　　**return** $knownF[n]$
14: 　　**end if**
15: **end function**

動的計画法では，一度解いた部分問題の解を破棄せずに保存する．Alg. 8.6 では，1 次元配列 $knownF$ を用意して，この配列に部分問題の解 $fibo(i)$ を順次保存していく（3 行目と 12 行目）．$fibo(i)$ を求める際，もし以前にこの問題を解いているならば，$knownF[i]$ は 0 より大きな値で更新されているので，再帰計算をせずに $knownF[i]$ を出力すれば十分である．図 8.7 は，$n=6$ における GETF_{DP} の再帰呼び出し過程を示した木である．根から左優先深さ優先で探索していくが，その過程で一度解いた計算結果は，配列 $knownF$ に保持されて

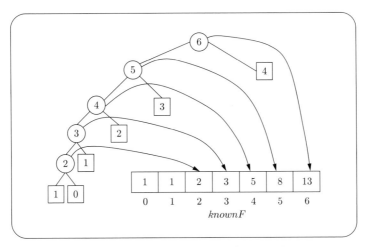

図 8.7　$\text{GETF}_{DP}(6)$ の再帰呼び出しの過程

172　　8.　アルゴリズム技法

いくため，図 8.7 の木は図 8.6 と比べて大幅にコンパクトになる．時間計算量は $O(n)$ となり，前節の指数時間よりも大幅に減らすことができる．

　部分問題の解を保持する操作は，特に**メモ化**と呼ばれる．よって動的計画法は**メモ化と再帰を組み合わせた計算パラダイム**と見なすことができる．再帰計算の過程で生成される部分問題同士が重複・依存するような場合に強力なツールとなる．動的計画法はさまざまな問題に適用されるが，**最適化問題**（optimization problem）にもよく利用される．最適化問題では普通，解が満たすべき制約条件と解のよさを測る目的関数が用意され，制約条件を満たす解の中で目的関数値が最も高くなる解（これを最適解と呼ぶ）を求める．ある種の最適化問題では，元問題の最適解を部分問題の最適解を用いて表現できるものがある．このような問題は動的計画法との親和性が高い．次項では，**0–1 ナップサック問題**（0–1 knapsack problem）を最適化問題の例として取り上げ，動的計画法によって解いてみる．

8.2.1　　0–1 ナップサック問題と動的計画法

　0–1 ナップサック問題では，まずある容積のナップサックと，その中に詰め込みたい荷物の集合が与えられる．各荷物には容積と価値の値が明示される．ナップサックの容積内で，荷物の価値の総和が最大化されるような荷物の組合せを見つけることが問題となる．

　例えば，防災用のナップサックを準備することを考える．ここでは，容積が $5\,l$ のナップサックに五つの荷物，お米，給水タンク，防災マット，救急セット，雨具のいずれか詰め込むことを考える．事前にできるだけ必要性の高い，即ち価値の高い荷物を多く詰め込みたい．各荷物の容積と価値は**表 8.1** に示されているとおりとする．このとき，価値の総和が最大化されるように，荷物を選択してナップサック内に詰め込む問題を考える．ナップサックの容量は $5\,l$ なので，詰め込む荷物は給水タンクと救急セットの組合せが最適であり，このときの価値の総和は 8 となる．

表 8.1　0–1 ナップサック問題の例

荷　　物	容量〔l〕	価値
お　米	1	1
給水タンク	3	4
防災マット	4	5
救急セット	2	4
雨　具	1	2

　ここで，x_i を i 番目の荷物を詰め込むかどうかを示す変数とする．すなわち，i 番目の荷物を詰め込む場合は $x_i = 1$，そうでない場合は $x_i = 0$ となる変数である．このとき，n 個の荷物を対象とする 0–1 ナップサック問題の解は，n 次元ベクトル $\langle x_1, x_2, \ldots, x_n \rangle$ として

8.2 動 的 計 画 法　173

与えることができる．表 8.1 を例にとると，x_1, x_2, x_3, x_4, x_5 をそれぞれお米，給水タンク，防災マット，救急セット，雨具に対応する変数とすれば，最適解は $\langle 0, 1, 0, 1, 0 \rangle$ と表される．以下に 0–1 ナップサック問題の定義を述べる．

━━━ 0–1 ナップサック問題の定義 ━━━

容積 b のナップサックと n 個の品物が与えられ，それぞれの品物の容積と価値が a_i, c_i $(1 \leqq i \leqq n)$ であるとする．このとき下記の制約条件を満たす $\langle x_1, x_2, \ldots, x_n \rangle$ で，目的関数値が最大となるものを求めよ．

目的関数：$c_1 x_1 + c_2 x_2 + \cdots + c_n x_n$

制約条件：$a_1 x_1 + a_2 x_2 + \cdots + a_n x_n \leqq b$

ただし，$x_i \in \{0, 1\}$，また b と各 a_i は非負整数とする．

表 8.1 の例における目的関数は $x_1 + 4x_2 + 5x_3 + 4x_4 + 2x_5$ であり，制約条件は $x_1 + 3x_2 + 4x_3 + 2x_4 + x_4 \leqq 5$ となる．

n 個の荷物をもつ場合，2^n 個の組合せが解の候補となる．全ての解候補について，制約条件の適合性検査と目的関数値の相互比較を行えば，0–1 ナップサック問題は解くことができる．しかし，このような素朴な手法では，例えば荷物の数が 100 程度の問題でも，2^{100} 通りもの組合せを検査する必要があり，膨大な計算時間がかかる．入力サイズの増加に応じて解候補が指数的に増加することを，**組合せ爆発**（combinatorial explosion）と呼ぶが，組合せ探索問題では非常によく起こる現象である．組合せ爆発への対応が，計算性能の向上に大変重要であり，本項では，動的計画法の適用を考える．

動的計画法を適用するためには，元問題をいくつかの部分問題に分割し，部分問題の解に対してメモ化を行う必要がある．そこで部分問題への分割方法を考えてみる．いま，荷物が k 個，ナップサック容積が b と仮定し，**図 8.8** のように，ある荷物（簡単のため k 番目の荷物とする）を，ナップサックに詰め込む場合と詰め込まない場合の二つの場合について考える．

荷物 k を詰め込む場合は，残りの $k-1$ 個の荷物と，荷物 k の容積分を除いた容積 $b-a_k$ のナップサックに対する部分問題 P_1 を解く必要がある．一方，詰め込まない場合には，残りの $k-1$ 個の荷物と元の容積 b のナップサックに対する部分問題 P_2 を解くことになる．元問題の最適解は，P_1 と P_2 の最適解から求めることができる．すなわち，P_1, P_2 の目的関数の最適値をそれぞれ y_1, y_2 とすると，荷物 k を詰め込んだ場合の元問題の目的関数の値は $y_1 + c_k$ となり，詰め込まない場合の元問題の値は y_2 となる．この二つの値を比較すれば，元問題の最適解を構成することができる．組合せ最適化問題では，このような**問題の解候補集合を分割する技法**がよく利用される．

以上の考察から，0–1 ナップサック問題は以下の漸化式で解くことができる．ここで $y_k(p)$

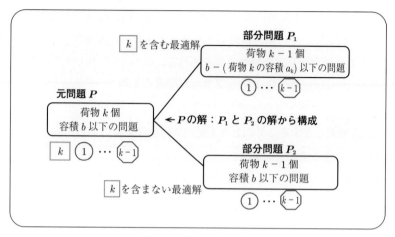

図 8.8 問題分割の例

は，容積 p のナップサックに，荷物 $1, 2, \ldots, k$ から選択して詰め込んだ品物に対する目的関数の最大値を表す変数である．

0–1 ナップサック問題の $y_k(p)$ に関する漸化式

(1) $y_1(p) = \begin{cases} -\infty & \text{if } p < 0 \\ 0 & \text{if } 0 \leq p < a_1 \\ c_1 & \text{otherwise} \end{cases}$

(2) $y_k(p) = \max(y_{k-1}(p - a_k) + c_k, \, y_{k-1}(p))$ if $k > 1$

$y_1(p)$ は，荷物 1 を容積 p のナップサックに詰め込む場合の最大価値であるが，$p < 0$ の場合は，条件違反を意味する $-\infty$ を与えている．$k > 1$ の場合の $y_k(p)$ は，前述したとおり，二つの部分問題の解から決定される．荷物 k を詰め込んだ場合とそうでない場合の部分問題の最適値は，それぞれ $y_{k-1}(p - a_k) + c_k$ と $y_{k-1}(p)$ で表すことができることに注意する．元問題の解はこの二つの値の大きいほうとなる．

上の漸化式を用いれば，荷物が n 個，容積が b のナップサック問題は，せいぜい $n \times (b + 1)$ 個の $y_k(p)$ ($1 \leq k \leq n$, $0 \leq p \leq b$) を求めれば解くことができる．以下で，部分問題を $y_k(p)$ のメモ化を通して逐次的に解いていく．はじめに，部分問題の解を保持する $n \times (b + 1)$ の 2 次元表を用意する．表 8.1 の例では図 8.9 に示す表となる．行と列はそれぞれ容積と使用可能な荷物番号に相当しており，p 行 k 列の要素には，1 から k までの荷物をもつ容積 p のナップサック問題の最適解が格納される．これは「$y_k(p)$ のメモ化」に相当する．表中の各要素には二つの値 $y_k(p)$ と $t_k(p)$ を保持する．$t_k(p)$ は，その最適解を得るために荷物 k が必要かどうかを示す変数である．ナップサック問題では，最適値 $y_n(b)$ だけでなく，それを実現する荷

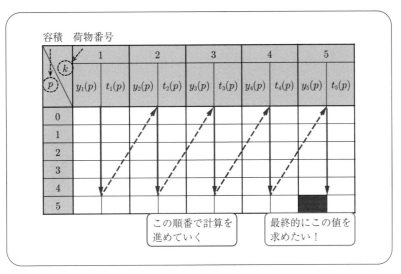

図 8.9 動的計画法に基づく $y_k(p)$ の計算過程

物の組合せも求める必要がある．本書では，荷物 k を詰め込む必要がある場合は $t_k(p) = 1$，詰め込まない場合は $t_k(p) = 0$，どちらでも構わない場合は $t_k(p) = 2$ と表記する．

実際の計算は図 8.9 に示すように，表の左側の列から上から下になぞり，順に部分問題を解いていく．各 $y_k(p)$ と $t_k(p)$ は，漸化式を用いて，すでに計算が終了した左の列の値を参照して求めることができる．計算結果を図 8.10 に示す．最左列では，荷物 1 の容積が $1l$ なので，$p < 1$ のとき $y_1(p) = 0$, $t_1(p) = 0$ であり，$1 \leqq p$ のとき $y_1(p) = 1$, $t_1(p) = 1$ となっている．2 列目の $y_2(p)$ は，$y_1(p - a_2) + c_2$ と $y_1(p)$ のうち，大きいほうを採用する．例えば，$y_2(4)$ の場合，荷物 2（容積 $3l$, 価値 4）を詰め込んだ場合の最適値は，$y_1(1) + 4 = 5$ であるのに対して，詰め込まなかった場合の最適解は $y_1(4) = 1$ となるので，$y_2(4) = 5$, $t_2(4) = 1$

目的関数：$x_1 + 4x_2 + 5x_3 + 4x_4 + 2x_5$
制約条件：$x_1 + 3x_2 + 4x_3 + 2x_4 + x_5 \leqq 5$

p \ k	1		2		3		4		5	
	$y_1(p)$	$t_1(p)$	$y_2(p)$	$t_2(p)$	$y_3(p)$	$t_3(p)$	$y_4(p)$	$t_4(p)$	$y_5(p)$	$t_5(p)$
0	0	0	0	0	0	0	0	0	0	0
1	1	1	1	0	1	0	1	0	2	1
2	1	1	1	0	1	0	4	1	4	0
3	1	1	4	1	4	0	5	1	5	2
4	1	1	5	1	5	2	5	2	7	1
5	1	1	5	1	6	1	8	1	8	0

図 8.10 $y_k(p)$ の計算結果

176　　8.　アルゴリズム技法

となる．3 列目の $y_3(p)$ も同様にして求めることができる．ただし，$y_3(4)$ の場合は，荷物 3（容積 $4l$，価値 5）を詰め込んだ場合の最適値は $y_2(0)+5=5$ であり，詰め込まない場合の最適解 $y_2(4)=5$ と一致する．すなわち，荷物 3 の採否にかかわらず $y_3(4)=5$ の最適解を構成することができるので，$t_3(4)=2$ となる．このように表の各要素を逐次埋めていくことで，最終的に最右下の要素に相当する元問題の最適値 $y_5(5)=8$ が得られる．

　最適値を実現する荷物の組合せは $t_k(p)$ 値から求められる．表の最右下の欄では $t_5(5)=0$ なので，荷物 5 は最適な組合せに採用されていないことがわかる．荷物 5 は採用されていないのでナップサック容積は元の 5 のままである．よって荷物 4 の採否は $t_4(5)$ から決定できる．$t_4(5)=1$ なので，荷物 4 は詰め込む必要があることがわかる．ここでナップサックの残り容積は 3 となる．次の荷物 3 を詰め込むかどうかは $t_3(3)$ を参照すればよい．$t_3(3)=0$ なので荷物 3 は必要としない．同様にして $t_2(3)$，$t_1(0)$ を順次参照すれば，最適解は荷物 2 と荷物 4 を詰め込む $\langle 0,1,0,1,0\rangle$ であることがわかる．

　このように動的計画法では，2 次元配列サイズ $n\times(b+1)$ 分の部分問題を一度だけ解く．解候補を列挙する素朴な手法では n に対する組合せ爆発が起きることを考えると，非常に優れた手法である．一般に 0–1 ナップサック問題は NP 困難であり，多項式時間での計算が困難とされている．本項で示した手法は多項式時間 $O(n\times b)$ で解くが，これは入力の問題サイズ n と数量 b の多項式時間である．b は入力データのサイズ（入力ビット長）ではない点に注意してほしい．通常の意味の時間計算量は，入力データのサイズに対する計算量を見なければならない．b をビット列として表現すると，ビット長は $c=\log b$ となるので，通常の意味の時間計算量は $O(n\times 2^c)$ となり，c の多項式時間とはならない．入力サイズだけでなく，入力データが表す数量（この場合は b）も用いた多項式で最大時間計算量が限定されるアルゴリズムは，**疑多項式時間アルゴリズム**（pseudo–polynomial time algorithm）[16]）と呼ばれる．近年，NP 困難な問題を実用時間内に解くために，疑多項式時間アルゴリズムは多くの研究が行われている．

　一般に，表のサイズが大きくなることは動的計画法のデメリットである．本項の例でも，b が n に比べて非常に大きい場合には 2 次元表が巨大化し効果的な計算は難しい．しかし，今日では大規模なメモリリソースを有するコンピュータがかなり安価に利用できるようになっており，実用上の適用範囲も広がっている．その意味でも時代に合った手法といえる．

8.3　分 枝 限 定 法

解候補が組合せ爆発する問題を扱う代表的アルゴリズム技法として，**分枝限定法**（branch

and bound）と呼ばれるものがある．近年，将棋のプロを打ち負かすプログラムが開発されているが，分枝限定法はこのような人工知能プログラムを支える基幹技術であり，min–max 法や α–β 法など，多くの高度な分枝限定手法が開発されている．

分枝限定法は，端的にいえば「解候補を効率的に列挙していく」手法である．前述のとおり，n 個の荷物をもつ 0–1 ナップサック問題の解候補は 2^n 個存在する．これらをしらみつぶしに探索する手法（exhaustive search と呼ばれる）では，n が少し大きくなると途端に求解困難となる．分枝限定法は全数探索を基本としながら，探索の過程で求まる「現時点の最適解」（**暫定解**（incumbent）ともいう）などを用いて，必要のない解空間を効率よく枝刈りしていく．

分枝限定法では解空間を木構造として構成する．元問題を根頂点としたとき，部分問題が子頂点に対応する．根頂点から木を順に展開して探索を進めていく．ある頂点を部分問題に展開することを**分枝操作**（branching operation）と呼ぶ．また，頂点の問題を解くことを**求解操作**と呼ぶ．頂点の問題を解いても最適解を得る見込みがない場合，例えば現在の暫定解よりよくなる見込みがない場合などは，その頂点以下の部分木を枝刈りする．この操作を**限定操作**（bounding operation）と呼ぶ．限定操作がしらみつぶし的探索との違いである．

木のなぞりには深さ優先型と幅優先型の 2 種類の手法があった．図 **8.11** は深さ優先型の解探索の模式図である．この図では，分枝操作によって元問題が三つの部分問題に展開され，つづいて最左の部分問題（子頂点）を優先して更に部分問題へ展開している．ある頂点で求解操作が実行されると，その頂点が葉頂点となる．求解操作で求めた解は暫定解となり，それ以降に訪れる頂点の限定操作に利用される．図 8.11 の木の高さは 3 なので，全ての頂点に分枝操作を行った場合には $3^1 + 3^2 + 3^3 = 39$ 個の部分問題が生成されるが，この例で作成された部分問題は 15 個であり，2 倍強の高速化が行われていることになる．限定操作を可能な

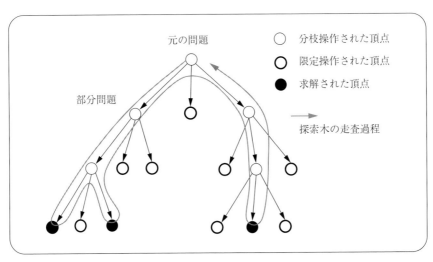

図 **8.11** 分枝限定法における解探索（深さ優先型）

かぎり多く行うことが性能向上の鍵であるが，各部分問題の評価，すなわち最適解が求まるか否かの評価が難しい場合は「葉頂点をできるだけ早めに作成して，得られる解を暫定解として利用する」深さ優先探索が向いている．他方，もし部分問題の評価が比較的容易に行えるような場合には，限定操作をより根に近い頂点で行える幅優先探索のほうが有利となる．

以下では，分枝限定法の詳細を 0–1 ナップサック問題を例として学んでいこう．図 8.12 は，表 8.1 の五つの荷物をもつナップサック問題に対する探索木の一部である．根頂点の P_0 が元問題であり，表 8.1 に示した問題となっている．n 個の荷物をもつナップサック問題の解の候補は，変数割当て $(x_1, x_2, \ldots, x_n)$（ただし $x_i \in \{0, 1\}$）で表現されたが，図 8.12 中の分枝操作は，深さ i の頂点の問題 P_t を，i 番目の変数を $x_i = 0$ と $x_i = 1$ に仮定した二つの部分問題 P_{2t+1} と P_{2t+2} に分割するものである．分枝操作だけを適用した場合，高さ 5 の完全二分木が構成され，葉頂点は 2^5 個存在する．葉頂点は固有の変数割当てをもつが，その割当てが制約条件を満たす場合には，目的関数値を求めることができる（求解操作）．例えば，図 8.12 の部分問題 P_{41} の葉頂点は，最適解である $(x_1, x_2, x_3, x_4, x_5) = (0, 1, 0, 1, 0)$ に対応する．この解が消費するナップサックの容積は 5 であり，制約条件を満たす．またこの解の目的関数値は 8 となる．一方，葉頂点 P_{42} は解候補 $(x_1, x_2, x_3, x_4, x_5) = (0, 1, 0, 1, 1)$ に対応するが，この解候補は容積が 6 となり制約条件を満たしていない．

分枝限定法では，効果的な限定操作法を導入することが必要不可欠である．0–1 ナップサッ

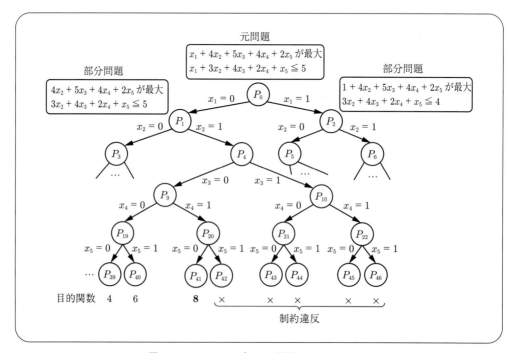

図 8.12　0–1 ナップサック問題における探索木

8.3 分枝限定法 **179**

ク問題のように目的関数を最大化するタイプの問題において，限定操作は部分問題の「解の**上界**」に注目することが多い．解の上界とは，部分問題の任意の解がその値を超えないような値である．部分問題の最適解も明らかに上界以下の値となるので，ある部分問題の解の上界がもし暫定解の値より小さい場合は，直ちに限定操作を適用できる．よって部分問題の解の上界を求める手法が非常に重要になってくる．上界を求める一般的な手法として緩和法があるので，次項で紹介する．

8.3.1 緩和法と上界見積り

緩和法（relaxation method）とは，元問題の制約を緩和した問題（**緩和問題**と呼ぶ）を解いて得られる情報をガイドとして利用して，元問題を効果的に解く手法である．ガイド情報は高速に計算できる必要がある．0–1 ナップサック問題の場合は，変数 x_i の制約条件を 0–1 の離散値から $0 \leq x_i \leq 1$ の実数値に緩和した**連続ナップサック問題** $\overline{P}$ が緩和問題として考えられる．

連続ナップサック問題

次の制約条件を満たす $\langle x_1, x_2, \ldots, x_n \rangle$ の中で目的関数値が最大となるものを求めよ．

目的関数：$c_1 x_1 + c_2 x_2 + \cdots + c_n x_n$

制約条件：$a_1 x_1 + a_2 x_2 + \cdots + a_n x_n \leq b$

ただし，$0 \leq x_i \leq 1$ である．

一般に，緩和問題 $\overline{P}$ の解空間は元の P の解空間を含んでいる．このため，$\overline{P}$ の最適値は少なくとも元の P の最適値以上となる．よって，$\overline{P}$ の最適値は P の最適値の上界として利用できる．また，連続ナップサック問題 $\overline{P}$ は，次に示す貪欲法で容易に計算できる．

簡単化のために $c_1/a_1 \geq c_2/a_2 \geq \cdots \geq c_n/a_n$ が成り立つと仮定する．c_i/a_i は荷物 i の単位容積当りの価値である．価値が高く容積が小さいほど値は大きくなるので，c_i/a_i の値が高い荷物から順に詰めていく貪欲法が自然に思い浮かぶ．ナップサックの残量が少なくなり，入りきらなくなった最初の荷物 $i = q$ は，入る分だけを切って詰め込めばよい．x_i は 0, 1 の間の実数値をとれるので，この切断が許される．証明は省略するが，このシンプルな貪欲算法は必ず最適解を求めることが知られている．

以上から $\overline{P}$ の最適解 x_i $(1 \leq i \leq n)$ は，q を $\displaystyle\sum_{j=1}^{q-1} a_j \leq b$ かつ $\displaystyle\sum_{j=1}^{q} > b$ を満たす添字と定義するとき，以下のとおりとなる．

180　8. アルゴリズム技法

$$x_i = \begin{cases} 1 & \text{if} \quad i = 1, 2, \ldots, q-1 \\ \left(b - \sum_{j=1}^{q-1} a_j\right)/a_q & \text{if} \quad i = q \\ 0 & \text{if} \quad i = q+1, \ldots, n \end{cases} \tag{8.1}$$

この貪欲法は，$c_1/a_1 \geqq c_2/a_2 \geqq \cdots \geqq c_n/a_n$ となるように変数を整列すれば，あとは荷物を順に詰めながら容量オーバーをチェックするだけなので，時間計算量は $O(n \log n)$ である．

表 8.1 の連続ナップサック問題 $\overline{P}$ を実際に解いてみる．まず，係数比率 c_i/a_i の降順となるように変数 x_i（荷物）を並び替えると，x_4, x_5, x_2, x_3, x_1 の順に整列される．そこで，この順に荷物を詰め込んでみると，荷物 4, 5 につづいて荷物 2 を詰め込んだ段階でナップサックの容積を超えてしまうので，$q = 2$ となることがわかる．よって式 (8.1) に従って最適解の各 x_i を求めると，$(x_4, x_5, x_2, x_3, x_1) = (1, 1, 2/3, 0, 0)$ となる．x_2 のみ整数値でないことに注意する．x_2 の値は $(b - \sum_{j=1}^{q-1} a_j)/a_q = (5 - (2+1))/3$ より求まっている．最適解に対応する目的関数の値は $4 + 2 + 4 \times (2/3) = 26/3$ となる．

連続ナップサック問題 $\overline{P_i}$ は貪欲法で高速に計算でき，また $\overline{P_i}$ の解空間は P_i の解空間を含むので，次の三つの限定操作を効果的に適用することができる．

―― 連続ナップサック問題 $\overline{P_i}$ を利用した 0–1 ナップサック問題 P_i の限定操作 ――

1. $\overline{P_i}$ が解をもたない場合は P_i も解をもたない．よって P_i 以下の部分木を刈って，探索を終了する．

2. P_i と $\overline{P_i}$ の最適値をそれぞれ $f(P_i)$ と $f(\overline{P_i})$ とすると，常に $f(P_i) \leqq f(\overline{P_i})$ が成り立つ．よって暫定解 z に対し，もし $f(\overline{P_i}) \leqq z$ ならば，P_i の最適値が暫定解 z よりよくなることはないので，P_i 以下の部分木の探索を終了する．

3. $\overline{P_i}$ の解が 0–1 解である場合，それは P_i の最適解でもある．よって P_i 以下の探索を終了する，P_i の解 $f(P_i)$ が現在の暫定解 z よりもよい場合は暫定解を更新する．

上記の限定操作は，最大化問題に対する緩和法で一般的に成り立つことにも注意してほしい．以下では，上の三つの限定操作を用いて図 8.12 の探索木を枝刈りしながら，最適解を計算していく様子を説明する．

分枝操作が実行される変数の順序は，連続ナップサック問題の式 (8.1) を適用するための係数比率 c_i/a_i の順序と同じとする．よって，この例では x_4, x_5, x_2, x_3, x_1 の順に変数を選択する．一般には，順序を固定せずに動的に変数を選択決定する[†]ことも可能である．また以

[†] 例えば，$\overline{P_i}$ を解いたときの q 番目の変数を選択して，次に 0 と 1 に固定することは合理的な選択である．

下では幅優先探索を行うが，深さ優先探索も可能である．このような探索戦略の違いによって探索木がどのように変化するかについては，章末の理解度の確認問題とする．

はじめに暫定解 z は $-\infty$ に初期化される．元問題 P_0 の緩和問題 $\overline{P_0}$ の最適値は 26/3 で 0–1 解ではないので，この頂点を終端することはできない．よって分枝操作により，部分問題 P_1 と P_2 を生成する．次に P_1 と P_2 の緩和問題を解くと，最適解はどちらも 0–1 解とならない．よって分枝操作によりそれぞれの問題を更に分割する（図 **8.13**）．

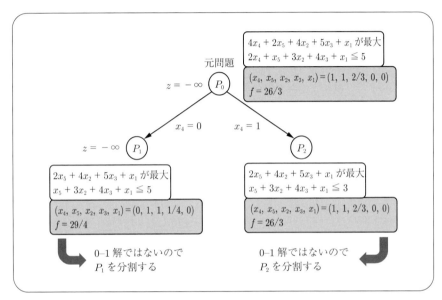

図 **8.13** 分枝限定法による探索木の探索過程（その 1）

結果として P_3, P_4, P_5, P_6 の四つの部分問題が作成される．それぞれの緩和問題を解くと，最適解が 0–1 解となるものは $\overline{P_5}$ だけであり，その最適値は 8 である．よって暫定解が $z = 8$ と更新される（図 **8.14**，図 **8.15**）．P_5 は限定操作 3 により終端する．このとき $\overline{P_3}$ と $\overline{P_4}$ の最適値はそれぞれ 13/2 と 29/4 であり，いずれも暫定解 $z = 8$ を下回っているので，限定操作 2 により P_3 と P_4 も終端する．

$\overline{P_6}$ の最適値は 26/3 で暫定解 $z = 8$ よりも大きいので，更に二つの部分問題が作成される（図 8.16）．$\overline{P_{13}}$ の最適解 17/2 は暫定値より大きいので，更に部分問題 P_{27}, P_{28} が作成される．他方，P_{14} ではナップサック容積が負値となって解が存在しないので，限定操作 1 により終端する．$\overline{P_{27}}$ を解くと，最適解は 0–1 解となる．ただし最適値は 7 なので暫定値 $z = 8$ はそのままとなり，この頂点は終端される．P_{28} では，ナップサック容積が負の値となり解が存在しない．以上で全頂点が終端したので探索は終了となる．最終的な暫定値 $z = 8$ が元問題 P_0 の最適値であり，最適解は $(x_1, x_2, x_3, x_4, x_5) = (0, 1, 0, 1, 0)$ となる．

n 変数の 0–1 ナップサック問題では，分枝操作のみで構成した探索木は 2^n 個の葉と $2^n - 1$

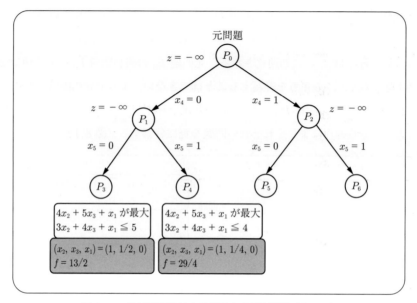

図 8.14 分枝限定法による探索木の探索過程(その 2)

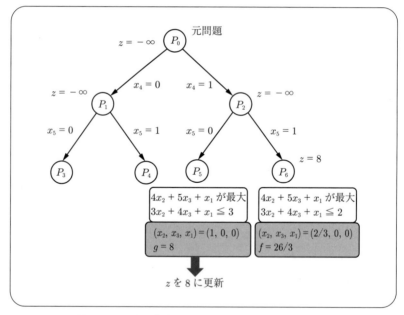

図 8.15 分枝限定法による探索木の探索過程(その 3)

個の内部頂点をもつ.この例では変数が 5 個あるので,木の頂点数は最大 $32 + 31 = 63$ 個となる.限定操作を加えることで,最終的には 11 個の頂点(図 8.16)で済んでいるので,枝刈りの効果がよく出ていることがわかる.

本節と前節では,0–1 ナップサック問題を動的計画法と分枝限定法の二つの手法で解いた.

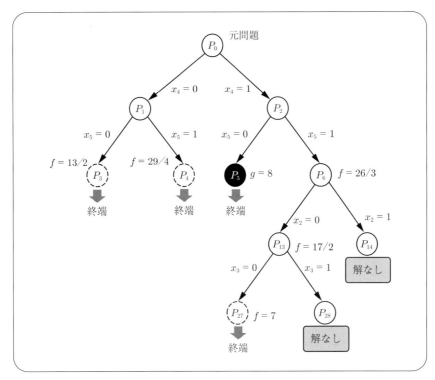

図 8.16　分枝限定法による探索木の探索過程（その 4）

動的計画法における効率化の要はメモ化にあるが，これを実現するためには，漸化式のように元問題と部分問題間の関係がうまく定式化されることが前提となる．一方で，このような定式化が難しい問題も存在する．例えば，囲碁や将棋の人工知能プログラムでは各局面において最適手を探索する必要があるが，局面間の関係を定式化することは容易ではない．他方，分枝限定法における効率化の要は限定操作にある．本節では緩和法に基づく限定操作を紹介したが，これは最大化問題における解の上界に注目したアプローチの一つである．目的関数と制約条件が与えられる最適化問題では，緩和法などにより上界を与えることができれば，限定操作を効率的に適用することができる．このため推論やプランニングなどの人工知能の問題では分枝限定法はよく利用されている．ただし囲碁や将棋のように，局面を評価する適切な目的関数を与えること自体が難しいことがある．ポナンザやアルファ碁に代表される近年の人工知能プログラムの成功は，大規模な訓練データを用いた機械学習によって，この局面評価関数の精度を飛躍的に向上させた点にあるといわれている．

184　　8. アルゴリズム技法

8.4　オンライン近似計算：ストリームマイニング

最後に，より進んだ勉強への橋渡しも兼ねて，近年その重要性が増している近似計算とオンライン型計算の一例を学ぶ．具体的には，データストリーム上に頻出するアイテムを抽出するアルゴリズムで，ビックデータ処理技術の重要な技術の一つとなっている．

8.4.1　ストリームマイニング

データストリームとは，連続的に絶え間なく到着する大量のデータである．高速ネットワークと大規模センシングの発達によって近年ますます重要性を増してきているが，ほとんどの場合に，限られた計算資源で一定時間内に処理を行うことが強く要請される．そのためデータストリームをオンラインで近似処理するアルゴリズムが開発されてきた．**オンラインアルゴリズム**[13),14)] (online algorithm) とは，データを一度しか走査しないタイプのアルゴリズムである．無限長の高速ストリームを扱う場合，メモリにストリームの全てを記録することは原理的に不可能である．データは到着時に一度しか読めないため，オンラインアルゴリズムを考えることはある意味で必然である．これによって，ストリームの途中でも自由に有用な情報を抽出することが可能になる．一方で，**近似アルゴリズム**[12),16)] (approximation algorithm) は，NP 困難な最適化問題や全解探索問題などで，一部の計算の省略やデータの近似を行って，準最適な解もしくは解集合の近似集合を高速に求めるアルゴリズムである．どちらも巨大データの処理の礎となる現代的な技術であり，近年その重要性が増してきている．本節ではデータストリーム上から有用な情報を抽出する問題，すなわち**ストリームマイニング** (stream mining) 問題[19)] を例として，オンライン型近似計算アルゴリズムの一例を学ぶ．

データマイニングの分野では，基本データは**アイテム** (item) と呼ばれ，アイテムの集合は**トランザクション** (transaction) と呼ばれる．ストリームの構成要素はアイテムやトランザクション，グラフなどさまざまなものがあり，抽出するデータや情報もアイテム，部分系列，アイテム集合，グラフ，統計量などさまざまである．それらの抽出基準も頻出性やエントロピーなど多数ある．本節では最も基本的な問題，すなわちアイテムストリーム上の頻出なアイテムを全て抽出する問題（図 **8.17**）を取り上げ，そのオンライン近似計算法を学ぶ．

まず用語の準備を行う．アイテムの全体集合を I とする．アイテム $e_i \in I$ の列 $S =$

8.4 オンライン近似計算：ストリームマイニング

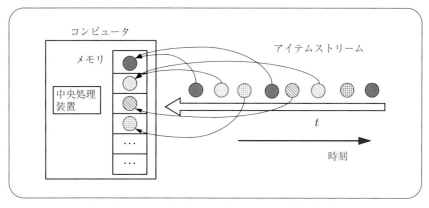

図 8.17　データストリーム上のマイニングの枠組みの例

$\langle e_1, e_2, \cdots, e_N \rangle$ を長さ N の**アイテムストリーム**（以下，ストリームという）と呼ぶ．アイテム e の S 上の出現回数を**出現頻度**（frequency）と呼び，$\sup(e)$ で表す．また時刻 $t = K$ ($1 \leq K < N$) までの S の初期切片 $S_K = \langle e_1, e_2, \cdots, e_K \rangle$ における e の出現回数を $\sup^K(e)$ で表す．**相対最小頻度**と呼ぶ閾値 σ ($0 < \sigma \leq 1$) を与えたとき，S 上の**頻出アイテム**（frequent item）とは，$\sup(e) \geq \sigma \cdot N$ を満たすアイテム e のことである．このとき**頻出アイテムのオンライン抽出問題**とは，ストリーム S と最小相対頻度 σ が与えられたとき，S 上に出現するアイテムを一度だけ読んで，頻出なアイテムを全て抽出する計算問題である．

例 8.1　ストリームとして長さ $N = 11$ の $S_1 = \langle a,b,c,d,e,d,c,b,a,b,d \rangle$ を考える．アイテムの出現頻度は $\sup(a) = 2$, $\sup(b) = 3$, $\sup(c) = 2$, $\sup(d) = 3$, $\sup(e) = 1$ であり，S の時刻 $t = 7$ までの初期切片では，$\sup^7(a) = 1$, $\sup^7(b) = 1$, $\sup^7(c) = 2$, $\sup^7(d) = 2$, $\sup^7(e) = 1$ となる．相対最小頻度 σ を $\sigma = 1/4$ とすれば，$\sigma \cdot N = 11/4 = 2.75$ なので，頻出アイテムは b と d となる．

ストリーム上の頻出アイテムのオンライン抽出は，ストリームに出現する全てのアイテムに対してカウンタを用意し，個別に出現頻度をカウントすれば簡単に行える．ここで，メモリを他のプロセスと共用するなどの理由で，全てのアイテムにカウンタを用意できない場合もあるので，「全ての頻出アイテムを漏れなく抽出するために必要なカウンタはどこまで少なくできるか？」という問題，すなわちカウンタ数の下界問題を考える．近似処理を全く行わない**厳密計算**（exact computation）法では，カウンタ数の下界はストリーム上に出現するアイテムの総種類数となることが知られている．また，この下界は**乱択化**[18]（randomization）などの確率的な手法を用いても改善できないことも知られている[19]．これに対して，出現頻度に誤差を許す近似計算の枠組みを用いると本質的な改善が可能になる．これは他のストリームマイニングの基礎となる重要なアルゴリズム技法であり，非常によく研究されている．これまでのところ，ストリーム上のアイテムの総種類数よりも少ないカウンタしか用いない手法

や，統計的サンプリングを行う手法，ハッシュ関数を駆使する手法などが提案されている[19]．本節では，この中で最も基本的である少数カウンタを利用する手法について学ぶ．

8.4.2 オンライン近似計算とSpace Saving法

まず出現頻度値に許容できる誤差を**相対最大誤差**（relative maximal error）と呼び，$0 < \epsilon < \sigma$ なる定数 ϵ として指定する．このとき出現頻度に許容される誤差は，ストリーム長が N であれば $\epsilon \cdot N$ となる．誤差を許すのであれば，次のアイデアが浮かび上がる．

> **基本アイデアその1**：出現頻度が $\epsilon \cdot N$ 以下のアイテムの出現頻度は零と見なしてもよいので，そのようなアイテムにはカウンタを用意しない．

このアイデアに基づけば，図 8.18 に示したように，時刻 $t = M$ の時点で，アイテム a の出現頻度 $\sup^M(a)$ が許容誤差 $\epsilon \cdot M$ 以下である場合には，a のカウンタをメモリから削除することになる．問題となるのは，カウンタを削除したアイテムが，後でストリーム上に再出現した場合に（以前の出現情報がなくなっているので）正しい出現回数をカウンタに再設定することができなくなる点にある．図 8.18 の例では，アイテム a が時刻 $t = N$（$N > M$）で再度出現している．ここで重要なことは，a のカウンタが消去された時点での出現回数 $\sup^M(a)$ は，再度出現した時刻 $t = N$ での許容誤差 $\epsilon \cdot N$ よりも必ず小さいことである．よって，a の新しいカウンタに $1 + \epsilon \cdot N$ を設定すれば，それは a の真の出現頻度 $\sup^N(a)$ の上界となる．同時にアイテム a のカウンタ値 $c(a)$ と $\sup^N(a)$ とのずれ，すなわち頻度誤差も $\epsilon \cdot N$ 以下となることが保証できる．このため，時刻 $t = N$ での頻出アイテム全てを抽出するためには，その時点でのカウンタ値 $c(e)$ が $\sigma \cdot N$ 以上のアイテム e を全てを出力すれば十分となる．

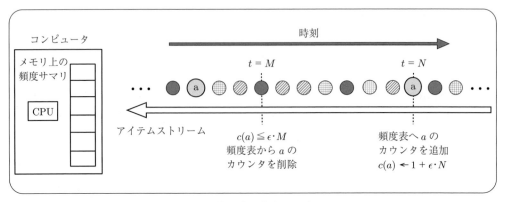

図 8.18　ϵ 近似計算の基本アイデアその 1

このアイデアに基づく近似アルゴリズムとしては **Lossy Counting 法（LC 法）**[19],[20] が代表的である．LC 法ではカウンタ数が $(1/\epsilon)\log(\epsilon \cdot N)$ 以下に抑えられることが証明されている．この上界はストリームに出現するアイテムの種類数には依存していないことに注意してほしい．さて，基本アイデアその 1 を更に発展させると，次のアイデアが浮かんでくる．

> **基本アイデアその 2**：逆に，$\epsilon \cdot N$ 以上の出現頻度をもつアイテムの最大数を考えて，その最大数と同数のカウンタを用意するれば十分である．

ここではアイテムストリームを対象としているので，ストリーム長を N とすれば，異なる k 種類のアイテムが一部重複して総計 N 回出現することになる．k 種類のアイテムがそれぞれ $\epsilon \cdot N$ 以上出現する場合，k が最も小さくなるのは，ある特定のアイテムが N 回出現する場合である．逆に k が最も大きくなるのは，それぞれのアイテムがストリーム中に均等に出現する場合，すなわち，それぞれが $\lceil \epsilon \cdot N \rceil$ 回出現する場合となる（図 8.19）．よって k の最大数は $\lfloor 1/\epsilon \rfloor$ 以下となる．ここでもし，少し余分に $\lceil 1/\epsilon \rceil$ 個のカウンタを用意すれば，その中の頻度値最小のカウンタの頻度値は $\epsilon \cdot N$ 以下となるので，アイデアその 1 が適用できるカウンタとなることに注意してほしい．またこの見積り $\lceil 1/\epsilon \rceil$ はストリームの長さに依存しておらず，LC 法で必要なカウンタ数よりも真に小さい．以上の二つのアイデアに基づく近似アルゴリズムの代表として **Space Saving 法（SS 法）**[21] があり，次に紹介する．

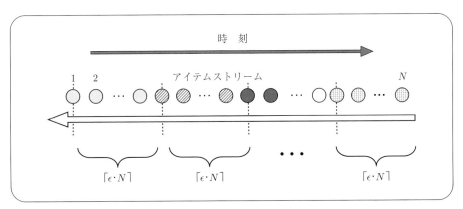

図 8.19　ϵ 近似計算の基本アイデアその 2

〔1〕**Space Saving 法**　SS 法は簡明であり，完全性や最大誤差も理論的に保証できる．実証実験においても，SS 法は非常に良好な計算性能を示しており[19]，現在知られているストリーム上の頻出アイテムのオンライン近似抽出法の中では最も優れているものである．

Alg. 8.7 に SS 法の疑似コードを示す．**頻度サマリ**（frequency summary）FS は，カウンタと呼ばれる 3 項組 $\langle e, c(e), \Delta(e) \rangle$ の集合である．カウンタの第 1 項の e はアイテムである．$c(e)$ は e が FS に登録された後に e が実際にストリーム中の出現した回数（頻度値）で

188　　8. アルゴリズム技法

Algorithm 8.7 Space Saving 法（SS 法）

1: **procedure** SPACE-SAVING(S: ストリーム $\langle e_1, \cdots, e_N \rangle$, σ: 相対最小頻度, ϵ: 相対最大誤差)
2: 　　$FS \leftarrow \emptyset$; $t \leftarrow 1$ 　　　　　　　　　　　　　　▷ 頻度サマリの初期化と現在時刻の初期化
3: 　　**for each** $e_t \in S$ **do**
4: 　　　　**if** $\langle e_t, c(e_t), \Delta(e_t) \rangle \in FS$ **then** 　　　　　▷ アイテム e_t が FS に登録されている場合
5: 　　　　　　$c(e_t) \leftarrow c(e_t) + 1$ 　　　　　　　　　　　▷ e_t の実頻度を 1 だけ増加させる
6: 　　　　**else if** $|FS| < \lceil 1/\epsilon \rceil$ **then** 　　　　▷ e_t が登録されていないが, FS に空きがある場合
7: 　　　　　　FS に新しく $\langle e_t, 1, 0 \rangle$ に新規登録（追加）する 　　　　▷ FS に e_t のカウンタを追加する
8: 　　　　**else** 　　　　　　　　　　　　　　　　▷ e_t が登録されておらず, FS に空きがない場合
9: 　　　　　　FS から, 見積り頻度 $c(e_{\min}) + \Delta(e_{\min})$ が最小である $e_{\min}$ のカウンタを削除して
10: 　　　　　　新たに $\langle e_t, 1, c(e_{\min}) + \Delta(e_{\min}) \rangle$ を FS に登録（入替）する
　　　　　　　　　　　　　　▷ $e_{\min}$ と e_t を入れ替えて, e_t の誤差頻度に $e_{\min}$ の見積り頻度を設定する
11: 　　　　**end if**
12: 　　　　$t \leftarrow t + 1$;
13: 　　　　出力要請があれば $c(e) + \Delta(e) \geq \sigma \cdot t$ となる FS のアイテム e を全て出力する
14: 　　**end for**
15: **end procedure**

あり，e の**実頻度**と呼ぶ．$\Delta(e)$ は e が FS に登録される以前の考えられる最大の頻度値であり，**頻度誤差**と呼ぶ．以後，$c(e) + \Delta(e)$ を e の**見積り頻度**と呼ぶ．FS が保持しているカウンタの数を $|FS|$ と表記する．SS 法において保持するカウンタ数の上限は $\lceil 1/\epsilon \rceil$ である．

　疑似コード 9 行目で削除される最小の見積り頻度 $c(e_{\min}) + \Delta(e_{\min})$ は，任意の時点 $t = K$ で $\epsilon \cdot K$ 以下となることが保証できる．よってコードの 9, 10 行目の操作は，前述の**アイデアその 1** に基づくカウンタの交換作業となっている．またこの性質より，SS 法は時刻 $t = K$ で頻度 $\sup^K(e)$ が $\epsilon \cdot K$ より大きいアイテム e は全て頻度サマリに格納されていることが保証できる（**ϵ−完全性**と呼ばれる）．まず例を通して SS 法の挙動の概要を理解しよう．

　例 8.2　　　例 8.1 のストリーム $S_1 = \langle a, b, c, d, e, d, c, b, a, b, d \rangle$ に対する Space Saving 法の挙動を考える．相対最大誤差は $\epsilon = 0.25$ とし，頻度サマリ FS が保持するカウンタの最大数を $\lceil 1/\epsilon \rceil = 4$ とする．このときの頻度サマリの推移を**図 8.20** に示した．時刻 $t = 1$ から $t = 4$ までは，SS 法はストリーム上に出現したアイテムのカウンタ（3 項組）を頻度サマリに順次追加する．時刻 $t = 5$ では，既に最大数の 4 個のカウンタが登録されているので，新しく到着したアイテム e のカウンタは，見積り頻度が最小のアイテムである d のカウンタと入れ替えて用意する．e の頻度誤差は d の見積り頻度値 1（$= 1 + 0$）となるので，e のカウンタは $\langle e, 1, 1 \rangle$ となる．図 8.20 では，頻度サマリ中のカウンタは見積り頻度に基づいて降順に整列してある点に注意してほしい．$t = 6$ から $t = 8$ の処理も同様である．時刻 $t = 9$ では，アイテム a のカウンタは見積り頻度最小の b のカウンタと入れ替えて用意する．そのときの頻度誤差は b の見積り頻度 2（$= 1 + 1$）となる．$t = 10$ も同様である．$t = 11$ のアイテム d は，カウンタは頻度サマリ中に存在するので，実頻度 $c(d)$ の値を一つ増やす．ストリーム S_1 上で $\epsilon \cdot 11 = 2.75$ 以上の出現頻度をもつものは，アイテム b と d だけ（$\sup(b) = \sup(d) = 3$）

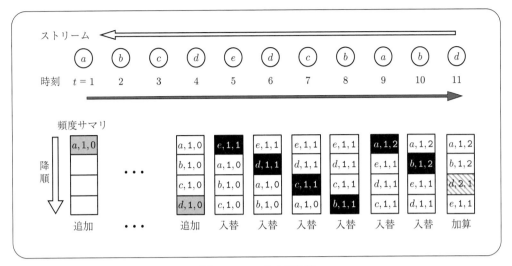

図 8.20 SS 法の動作例

であり,どちらも頻度サマリ中に残っていることが確認できる.また $t=11$ の時点で,頻度サマリの各カウンタの見積り頻度の総和は 11 であるが,これはストリームの長さと同じである.また各時刻 t での頻度サマリの中での最小の見積り頻度は,常に $\epsilon \cdot t$ 以下の値となっていることなどにも注意してほしい.

例 8.2 の動作例でわかるとおり,SS 法を実際に高速動作させるには,頻度サマリ中の特定のカウンタの増分操作や,見積り頻度最小のカウンタの同定などを高速に行う必要がある.これらの処理を(頻度サマリの大きさ $\lceil 1/\epsilon \rceil$ には依存しない)定数時間で行うために,バケットとハッシュ表を用いた **2 重索引**データ構造が提案されており,その例を**図 8.21** に示す.

バケットを用いてカウンタの整列処理を(バケットソートと同じように)実質的に不要に

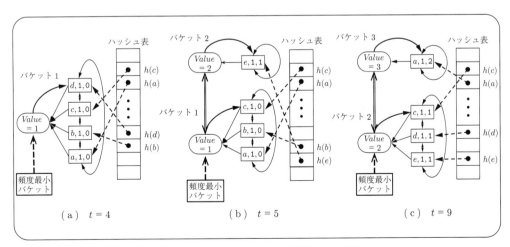

図 8.21 頻度サマリーの 2 重索引データ構造

している．また，見積り頻度最小のバケットへのポインタを保持して，頻度最小のカウンタの定数時間での発見を実現している．またハッシュ表により各アイテムに対するカウンタを定数時間で見つけることができ，カウンタ値（実頻度）の更新も定数時間で処理できる．図 8.21 (a), (b) は，図 8.20 の時刻 $t = 4$ と $t = 5$ の頻度サマリの詳細を示している．時刻 $t = 4$ までは各アイテムの見積り頻度は全て 1 なので，バケットも 1 に対応するものだけが存在している．$t = 5$ においてアイテム e の見積り頻度が 2 となるので，新たにバケットが生成されている．図 8.20 の時刻 $t = 8$ では，頻度サマリ中の見積り頻度が 1 のカウンタは存在しなくなるので，見積り頻度 1 に対応するバケットは消去される．図 8.21 (c) は，時刻 $t = 9$ で見積り頻度 3 のカウンタを格納する新しいバケットが生成された状況を示している．

〔2〕 **Space Saving 法の理論的性質**　SS 法のカウンタ総数は $O(\lceil 1/\epsilon \rceil)$ である．これは出現頻度に誤差を許した場合のカウンタ数の下界とほぼ一致[21]しており，SS 法の必要カウンタ数はほぼ最善である．これに加えて，SS 法は **ϵ—劣近似性**[14), 20)]（ϵ–deficient）と呼ばれる以下の三つの性質をもつことが証明されている[21)]．

(1)　頻出アイテム，すなわち $\sup(e) \geq \sigma \cdot N$ である e は全て出力される．

(2)　出力アイテム e の頻度 $\sup(e)$ は必ず $\sup(e) \geq (\sigma - \epsilon)N$ を満たす．

(3)　出力アイテム e の推定頻度 $c(e)$ は必ず $\sup(e) \geq c(e) \geq \sup(e) - \epsilon \cdot N$ を満たす．

ϵ—劣近似性は下方向の頻度誤差を許しており，非頻出なアイテムも一部出力してしまうが，その出現頻度は必ず $(\sigma - \epsilon)N$ 以上であることを保証している．なお，ϵ—劣近似性の証明は思いの他簡明である．興味ある読者は，文献 21) を是非一読してほしい．

☕ 談 話 室 ☕

　オンライン計算と近似計算の枠組みについて　実は，本項で紹介した性能評価の枠組みは，通常のものとは少し異なっている．通常，オンラインアルゴリズムの性能は**競合比**という尺度で評価することが多い．これは，将来現れる（＝まだ見ぬ）データまでも考慮して，各時点で最善の選択をしていく神様のアルゴリズムと比較するものである．もう少し厳密にいえば，考案したオンラインアルゴリズムの性能 P と最適オフライン型アルゴリズムの性能 OP との比率 P/OP を基準として評価するものである．この枠組みが提案されてからオンラインアルゴリズムの研究は大幅に進み，OS メモリ管理におけるページング（スケジューリング）法をはじめとする多くの手法[12)~14), 16)]が研究開発されている．一方で，近似アルゴリズムは通常は最適化問題に対して考察される．この枠組みでは，近似アルゴリズムが出力する近似解 A の厳密最適解 SA に対する比率 A/SA を用いて，アルゴリズムの善し悪しを評価することが多い．A/SA は**近似度**と呼ばれる．

近似度を上げるためには多くの計算が必要となることが普通で，高速性との両立は容易ではない．近似アルゴリズムは，厳密解の計算が非常に難しい NP 困難であるような問題を実際的に解く有望なアプローチと考えられ，より高い近似度のより高速なアルゴリズムを求めて，近年非常に多くの研究[12),13),16)]が行われている．

本章のまとめ

本章では，重要なアルゴリズム技法である分割統治法，動的計画法，分枝限定法を学んだ．また最後に，オンライン計算と近似計算の一端を学ぶ目的で，ストリーム上の頻出アイテムをマイニングする Space Saving アルゴリズムを学んだ．

1. 分割統治法を適用する際には「部分問題への分割と統合処理の手間をかけない」ことと，「部分問題同士で重複計算がないようにする」ことの 2 点を押さえる．

2. 動的計画法の計算原理は，「再帰計算」と「メモ化」の二つからなる．これまでに解いた部分解をメモリ内に保持（メモ化）しておくことで，再帰計算の過程で重複して出現する部分問題を何度も解かなくて済むようになる．メモ化のために記憶容量を余分に必要とするが，大規模メモリリソースを安価に利用できるようになった今日，さまざまな問題において活用されている．

3. 分枝限定法は，分枝操作と限定操作の二つの操作からなる列挙型アルゴリズムである．その効率化は，限定操作によっていかに無駄な探索を枝刈りできるかが鍵となる．緩和問題を考えることで高速に解の上界を求めることができる場合があり，安価で効果的な限定操作を実現することができる．

4. Space Saving 法は実際上も非常に高速であり，厳密な性能保証ももつ手法である．高速処理を実現するために，バケットとハッシュ表を駆使する 2 重索引構造が考案されている．

●理解度の確認●

問 8.1 Alg. 8.2 と Alg. 8.3 を基に，分割統治法を用いて最近点対を求めるプログラムを作成せよ．

問 8.2 分割統治法を用いて二つの行列積を求めるシュトラッセン法の詳細を調べよ．また

192　　8. アルゴリズム技法

n 桁同士の実数の乗算を行う分割統治型アルゴリズムを調べよ.

問 8.3　Alg. 8.5 と Alg. 8.6 を基に,フィボナッチ数列 a_n を計算する 2 種類のプログラムを作成せよ.また n を大きくしたとき二つのプログラムの実行時間の推移を比較せよ.

問 8.4　0–1 ナップサック問題を動的計画法によって求めるプログラムを作成せよ.

問 8.5　コインの両替問題を考える.この問題は,与えられた複数のコインを用いて,ある金額を両替するために必要な最小のコイン枚数と,そのコインの組み合わせを求める問題であり,**整数解ナップサック問題**と呼ばれるものである.例えば,1 円,5 円,50 円,100 円,500 円の 5 種類のコインを用いて 1 000 円を両替する問題を考えると,500 円コインを 2 枚利用する解が最適解となる.この両替問題を解くための漸化式を作成せよ.また作成した漸化式を用いて,最適解を動的計画法によって求めるプログラムを作成せよ.

問 8.6　分枝操作を適用する変数を動的に選択することを考える.具体的には問題 P の連続ナップサック問題の最適解のうち 0 でも 1 でもない値をとる変数 x_q を選択する.このとき図 8.13 の問題ではどのような探索木が構成されるか調べよ.

問 8.7　分枝操作によって生成される各頂点を深さ優先で探索したとき,図 8.13 の問題ではどのような探索木が構成されるか調べよ.

問 8.8　0–1 ナップサック問題の最適解を分枝操作のみによって求めるプログラムを作成せよ(荷物の総数 n に対して 2^n の解候補が生成されることになる).これに限定操作を加えて効率的に最適解を求めるプログラムを作成せよ.また n とナップサック容積 b を大きくしたとき二つのプログラムの実行時間の推移を比較せよ.

問 8.9　長さ 18 のストリーム $\langle a, b, a, c, b, d, e, a, g, f, b, f, f, a, c, f, a, f \rangle$ と相対最大誤差 0.26 に対して Space Saving 法を実行してみよ.

問 8.10　頻度サマリのデータ構造として図 8.21 に例示したものを考える.このとき,下記の各操作の疑似コードを作成せよ.またそららの時間計算量を求めよ.

（1）　ストリームから読み込んだアイテム x が頻度サマリに登録済みか否かの判定

（2）　アイテム x が頻度サマリに既に登録済みの場合のカウンタ増分操作(増分されたカウンタはバケットを移動させる必要があることに注意).

（3）　アイテム x がサマリに未登録の場合で,サマリに空きが有るときの新規登録

（4）　アイテム x がサマリに未登録の場合で,サマリに空きが無いときの登録動作

引用・参考文献

1) Bjarne Stroustrup（柴田望洋 訳）：プログラミング言語 C++ 第 4 版，SB クリエイティブ (2015)

2) 坂井修一：コンピュータアーキテクチャ，コロナ社 (2004)

3) 毛利公一：基礎オペレーティングシステム — その概念と仕組み，数理工学社 (2016)

4) 疋田輝雄，石畑 清：コンパイラの理論と実現，共立出版 (1988)

5) D.R. Musser: Introspective Sorting and Selection Algorithms, *Software: Practice and Experience*, **27**(8), pp.983–993 (1997)

6) Mark Allen Weiss: Data Structures and Problem Solving Using C++ 2nd ed., Addison-Wesley (2000)

7) Donald E. Knuth（有澤 誠 ほか訳）：The Art of Computer Programming Vol.3: Sorting and Searching, 2nd ed. 日本語版，アスキードワンゴ (2015)

8) 北 研二，津田和彦，獅々堀正幹：情報検索アルゴリズム，共立出版 (2003)

9) 星 守：データ構造，昭晃堂 (2002)

10) 岡野原大輔：高速文字列解析の世界 データ圧縮・全文検索・テキストマイニング，岩波書店 (2012)

11) D. Gusfield: Algorithms on Strings, Trees, and Sequences: Computer Science and Computational Biology, Cambridge University Press (1997)

12) T. コルメン ほか（浅野哲夫 ほか訳）：アルゴリズムイントロダクション改定 2 版第 1 巻，第 2 巻，第 3 巻，近代科学社 (2007, 2007, 1995)

13) 岩間一雄：アルゴリズム・サイエンス: 出口からの超入門，共立出版 (2006)

14) 徳山 豪：オンラインアルゴリズムとストリームアルゴリズム，共立出版 (2007)

15) 茨木俊秀：アルゴリズムとデータ構造，昭晃堂 (1989)

16) J. ホロムコヴィッチ（和田幸一 ほか訳）：計算困難問題に対するアルゴリズム理論，シュプリンガー・ジャパン (2005)

17) 杉原厚吉：データ構造とアルゴリズム，共立出版 (2001)

18) 玉木久夫：乱択アルゴリズム，共立出版 (2008)

19) G. Cormode and M. Hadjieleftherion: Methods for Finding Frequent Items in Data Streams, *VLDB Journal*, **19**(1), pp.3–20 (2010)

20) R. Motwani and G.S. Manku: Approximate Frequency Counts over Data Streams, *Proc. of the 28th Int'l Conf. on Very Large Data Bases (VLDB'02)*, pp.346–357 (2002)

21) A. Metwally, D. Agrawal and AE. Abbadi: Efficient Computation of Frequent and Top–k Elements in Data Streams, *Proc. of the 10th Int'l Conf. on Database Theory (ICDT'05)*, pp.398–412 (2005)

索　引

【あ】

間　順	35
アイテム	184
アイテムストリーム	185
値渡し	8
アッカーマン関数の逆関数	121
後入れ先出し	27
後　順	35
アルゴリズム	42
アロー演算子	23
安定な整列アルゴリズム	55

【い】

一方向ハッシュ関数	109
イベント頂点グラフ	132
インスタンス	5
インデックス	138
イントロソート	61

【え】

枝	32
エンキュー	30

【お】

オブジェクト	5
オブジェクト指向言語	4
重　み	112, 113
親クラス	28
親頂点	32, 116
オンラインアルゴリズム	55, 184

【か】

開番地法	103
カウンタ	187
片方向リスト	25
カプセル化	7
可変長配列クラス	18
空の木	32
完全二分木	33, 77
緩和法	179
緩和問題	179

【き】

木	32, 116
キー	46
木構造	32
基数ソート	66
疑多項式時間アルゴリズム	176
木の高さ	119
キュー	30
求解操作	177
許容的	130
競合比	190
共通接頭辞検索	152
近似アルゴリズム	133, 184
近似度	190

【く】

クイックセレクト	94
クイックソート	59
クヌース・モリス・プラット法	147
組合せ爆発	173
クラス	5
クラスカル法	117
クラステンプレート	17
グラフ	112
クリティカルパス	132

【け】

計算量	43
継承	28
計数ソート	65
経路	114
経路の圧縮	121
限定操作	177
厳密計算	185

【こ】

構造体	7
項　目	46
子クラス	28
子頂点	32, 116
コンストラクタ	6
コンピュータ科学	2

【さ】

再帰計算	169
再帰呼び出し	38
最近点対	163
最近傍探索	91
最小スパニング木問題	116
最小全域木	116
最小全域木問題	116
最大計算量	44
最短経路問題	122
最長共通部分文字列	159
最長経路問題	132
最長単純経路問題	133
最適化問題	172
先入れ先出し	30
索　引	151
サフィックス木	156
サフィックス配列	157
参照渡し	8
暫定解	177

【し】

時間計算量	43
辞書式順序	49
指数時間	46
実行形式	12
実頻度	188
始　点	113
終　点	113
充填率	107
縮小法	167
出現頻度	185
シュトラッセン法	170
準最適解	133
順序対	113
上　界	179, 186
衝　突	99
初期注目点	139

【す】

スケジューリング問題	132
スコープ演算子	73
スタック	27
ストリームマイニング	184

スパース …………………… 154

【せ】

整数解ナップサック問題 ‥ 192
整　列 ……………………… 52
接頭辞 ……………………… 151
接尾辞 ……………………… 151
接尾辞木 …………………… 156
全域性 ……………………… 116
漸近的下界 ………………… 45
漸近的上界 ………………… 45
漸近的評価 ………………… 45
線形時間 …………………… 45
線形走査 …………………… 107
線形探索 …………………… 47
選択ソート ………………… 52

【そ】

疎 …………………………… 154
走　査 ……………………… 35
相対最小頻度 ……………… 185
相対最大誤差 ……………… 186
挿入ソート ………………… 53
双方向リスト ……………… 26
ソート ……………………… 52
疎なグラフ ………………… 114

【た】

ダイクストラ法 …………… 123
対数時間 …………………… 45
代替アドレス ……………… 103
多項式時間 ………………… 46
タスク頂点グラフ ………… 132
多態性 ……………………… 74
探　索 ………………… 46, 114
単純経路 …………………… 133

【ち】

力まかせ法 ………………… 139
逐次探索 …………………… 47
チャレンジ ………………… 109
チャレンジレスポンス認証 109
頂　点 ……………………… 112

【て】

定数時間 …………………… 45
データストリーム ………… 184
テキスト …………………… 138
デキュー …………………… 30
デストラクタ ……………… 17
手続き型言語 ……………… 4
天井関数 …………………… 50

【と】

動的計画法 …………… 126, 170
ドット演算子 ……………… 7
トポロジカル順序 ………… 133
トポロジカルソート ……… 133
トライ ……………………… 151
トライ行列 ………………… 152
トランザクション ………… 184
貪欲法 ……… 117, 123, 127, 179

【な】

なぞり ……………………… 35

【に】

二色木 ……………………… 82
二分木 ……………………… 33
二分探索 …………………… 49
二分探索木 ………………… 72
認　証 ……………………… 109

【ね】

根 …………………… 32, 116
根付き木 ………… 32, 116, 119

【は】

葉 …………………… 32, 116
配　列 ……………………… 13
配列長 ……………………… 138
バケット ……………… 64, 189
バケットソート …………… 63
パターン …………………… 138
パターン注目点 …………… 139
ハッシュ関数 ……………… 99
ハッシュ値 ………………… 99
ハッシュ表 …………… 98, 189
パトリシアトライ ………… 155
幅優先探索 …………… 35, 114
番　地 ……………………… 13

【ひ】

ヒープ ……………………… 85
ピボット ……………… 59, 162
ヒューリスティック関数 ‥ 128
ヒューリスティック近似解法
　……………………………… 127
標準テンプレートライブラリ
　……………………………… 18
頻出アイテム ……………… 185
頻度誤差 …………………… 188
頻度サマリ ………………… 187

【ふ】

フィボナッチ数列 ………… 169

【ふ】（右欄）

深　さ ……………………… 32
深さ優先探索 ………… 35, 114
負グラフ …………………… 133
プッシュ …………………… 27
負閉路 ……………………… 126
分割統治法 ………………… 162
分枝限定法 ………………… 176
分枝操作 …………………… 177
分離チェイン法 …………… 99

【へ】

平均計算量 ………………… 44
併　合 ……………………… 56
平衡二分探索木 …………… 77
平方走査 …………………… 107
並列処理 …………………… 169
閉　路 ……………………… 114
ベルマン・フォード法 …… 126
辺 …………………………… 112

【ほ】

ボイヤー・ムーア法 ……… 140
ポップ ……………………… 27

【ま】

マージ ……………………… 56
マージソート ………… 56, 162
前　順 ……………………… 35
マスター定理 ……………… 166
末尾要素へのポインタ付き
　リスト …………………… 25

【み】

密なグラフ ………………… 114
見積り頻度 ………………… 188

【む】

向　き ……………………… 112
無向グラフ ………………… 113
無向辺 ……………………… 113

【め】

メモ化 ……………………… 172
メモリリーク ……………… 17
メンバ関数 ………………… 6
メンバ変数 ………………… 5

【も】

文字コード ………………… 145
文字列照合問題 …………… 138

【ゆ】

有向グラフ ………………… 113
有向辺 ……………………… 113

索引

優先度 ……………………84
優先度付きキュー …………84
床関数 ……………………50

【ら】

ラビン・カーブ法 …………149
乱択化 …………………61, 185
ランダムアクセスメモリ …13

【り】

リスト ……………………20
領域計算量 ………………43
領域探索 …………………91
リングバッファ …………31
隣接 ………………………113
隣接行列 …………………113
隣接リスト ………………114

【れ】

レコード …………………46
レスポンス ………………109
レベル順 …………………36
連結 ………………………116
連結グラフ ………………116
連結リスト ………………20
連続ナップサック問題 …179

【A】

ASCII ……………………145
assert マクロ ……………16
AVL 木 ……………………77
AVL バランス ……………77
A* アルゴリズム …………128

【B】

B 木 ………………………82
BDS trie …………………154
BM 法 ……………………140

【F】

FIFO ………………………30

【K】

kd–木 ……………………93
KMP 法 …………………147

【L】

LC 法 ……………………187

【N】

n–分木 …………………33
NP–困難 ……………133, 176

【O】

O 記法 …………………45

【R】

RAM ………………………13

【S】

Space Saving 法 …………187
SS 法 ……………………187
STL ………………………18

【U】

UNION–FIND 問題 ………118

LCS ………………………159
LIFO ……………………27
list クラス ………………26
Lossy Counting 法 ………187

【V】

vector ……………………18

【記　号】

::（スコープ演算子）………73

【ギリシャ文字】

ϵ–完全性 ……………188
ϵ–劣近似性 …………190
Ω 記法 ………………45
Θ 記法 ………………45

【数　字】

0–1 ナップサック問題 ……172
2 重索引 …………………189
2 進木トライ ……………154

───── 著者略歴 ─────

岩沼　宏治（いわぬま　こうじ）
1985年　東北大学大学院工学研究科博士前期課程修了（電気及び通信工学専攻）
　　　　工学博士（東北大学）
現在，山梨大学教授

美濃　英俊（みの　ひでとし）
1989年　名古屋大学大学院理学研究科博士課程修了（物理学専攻）
　　　　理学博士（名古屋大学）
現在，山梨大学教授

鍋島　英知（なべしま　ひでとも）
2001年　神戸大学大学院自然科学研究科博士課程修了（情報メディア科学専攻）
　　　　博士（工学）（神戸大学）
現在，山梨大学准教授

山本　泰生（やまもと　よしたか）
2010年　総合研究大学院大学複合科学研究科博士課程修了（情報学専攻）
　　　　博士（情報学）（総合研究大学院大学）
現在，山梨大学助教

データ構造とアルゴリズム
Data Structures and Algorithms　　　Ⓒ 一般社団法人　電子情報通信学会　2018

2018 年 2 月 23 日　初版第 1 刷発行

検印省略	編　者	一般社団法人 電子情報通信学会 http://www.ieice.org/
	著　者	岩　沼　宏　治 美　濃　英　俊 鍋　島　英　知 山　本　泰　生
	発行者	株式会社　コ ロ ナ 社 代表者　牛来真也
	印刷所	三美印刷株式会社
	製本所	有限会社　愛千製本所

112–0011　東京都文京区千石 4–46–10
発行所　株式会社　コ ロ ナ 社
CORONA PUBLISHING CO., LTD.
Tokyo Japan
振替 00140-8-14844・電話(03)3941-3131(代)
ホームページ　http://www.coronasha.co.jp

ISBN 978-4-339-01823-3　C3355　Printed in Japan

本書のコピー，スキャン，デジタル化等の無断複製・転載は著作権法上での例外を除き禁じられています。
購入者以外の第三者による本書の電子データ化及び電子書籍化は，いかなる場合も認めていません。
落丁・乱丁はお取替えいたします。

電子情報通信レクチャーシリーズ

■電子情報通信学会編

白ヌキ数字は配本順を表します。

（各巻B5判）

		書名	著者	頁	本体
㉚	A-1	電子情報通信と産業	西 村 吉 雄著	272	4700円
⑭	A-2	電子情報通信技術史 —おもに日本を中心としたマイルストーン—	「技術と歴史」研究会編	276	4700円
㉖	A-3	情報社会・セキュリティ・倫理	辻 井 重 男著	172	3000円
⑥	A-5	情報リテラシーとプレゼンテーション	青 木 由 直著	216	3400円
㉙	A-6	コンピュータの基礎	村 岡 洋 一著	160	2800円
⑲	A-7	情報通信ネットワーク	水 澤 純 一著	192	3000円
㉝	B-5	論 理 回 路	安 浦 寛 人著	140	2400円
⑨	B-6	オートマトン・言語と計算理論	岩 間 一 雄著	186	3000円
㉟	B-8	データ構造とアルゴリズム	岩 沼 宏 治他著	208	3300円
①	B-10	電 磁 気 学	後 藤 尚 久著	186	2900円
⑳	B-11	基礎電子物性工学—量子力学の基本と応用—	阿 部 正 紀著	154	2700円
④	B-12	波 動 解 析 基 礎	小 柴 正 則著	162	2600円
②	B-13	電 磁 気 計 測	岩 﨑 俊著	182	2900円
⑬	C-1	情報・符号・暗号の理論	今 井 秀 樹著	220	3500円
㉕	C-3	電 子 回 路	関 根 慶太郎著	190	3300円
㉑	C-4	数 理 計 画 法	山 下・福 島共著	192	3000円
⑰	C-6	インターネット工学	後 藤・外 山共著	162	2800円
③	C-7	画像・メディア工学	吹 抜 敬 彦著	182	2900円
㉜	C-8	音 声・言 語 処 理	広 瀬 啓 吉著	140	2400円
⑪	C-9	コンピュータアーキテクチャ	坂 井 修 一著	158	2700円
㉛	C-13	集 積 回 路 設 計	浅 田 邦 博著	208	3600円
㉗	C-14	電 子 デ バ イ ス	和 保 孝 夫著	198	3200円
⑧	C-15	光・電 磁 波 工 学	鹿子嶋 憲 一著	200	3300円
㉘	C-16	電 子 物 性 工 学	奥 村 次 徳著	160	2800円
㉒	D-3	非 線 形 理 論	香 田 徹著	208	3600円
㉓	D-5	モバイルコミュニケーション	中 川・大 槻共著	176	3000円
⑫	D-8	現代暗号の基礎数理	黒 澤・尾 形共著	198	3100円
⑱	D-11	結 像 光 学 の 基 礎	本 田 捷 夫著	174	3000円
⑤	D-14	並 列 分 散 処 理	谷 口 秀 夫著	148	2300円
⑯	D-17	VLSI工学—基礎・設計編—	岩 田 穆著	182	3100円
⑩	D-18	超高速エレクトロニクス	中 村・三 島共著	158	2600円
㉔	D-23	バ イ オ 情 報 学 —パーソナルゲノム解析から生体シミュレーションまで—	小長谷 明 彦著	172	3000円
⑦	D-24	脳 工 学	武 田 常 広著	240	3800円
㉞	D-25	福 祉 工 学 の 基 礎	伊福部 達著	236	4100円
⑮	D-27	VLSI工学—製造プロセス編—	角 南 英 夫著	204	3300円

以 下 続 刊

共 通

A-4	メ デ ィ ア と 人 間	原島・北川共著
A-8	マイクロエレクトロニクス	亀 山 充 隆著
A-9	電子物性とデバイス	益・天川共著

基 礎

B-1	電気電子基礎数学	大 石 進 一著
B-2	基 礎 電 気 回 路	篠 田 庄 司著
B-3	信 号 と シ ス テ ム	荒 川 薫著
B-7	コンピュータプログラミング	富 樫 敦著
B-9	ネ ッ ト ワ ー ク 工 学	仙石・田村・中野共著

基 盤

C-2	ディジタル信号処理	西 原 明 法著
C-5	通信システム工学	三 木 哲 也著
C-11	ソフトウェア基礎	外 山 芳 人著

展 開

D-1	量 子 情 報 工 学	山 崎 浩 一著
D-4	ソフトコンピューティング	
D-7	デ ー タ 圧 縮	谷 本 正 幸著
D-13	自 然 言 語 処 理	松 本 裕 治著
D-15	電波システム工学	唐沢・藤井共著
D-16	電 磁 環 境 工 学	徳 田 正 満著
D-19	量子効果エレクトロニクス	荒 川 泰 彦著
D-22	ゲ ノ ム 情 報 処 理	高木・小池編著

定価は本体価格＋税です。

定価は変更されることがありますのでご了承下さい。

図書目録進呈◆